The WORST-CASE
SCENARIO

Survival Handbook

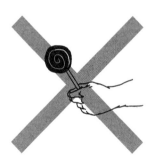

后浪

The WORST-CASE
SCENARIO

关 键 时 刻 能 救 命

生 存 手 册
Survival Handbook

［美］乔舒亚·皮文　戴维·博根尼奇　著　朱一舟　译

北京联合出版公司
Beijing United Publishing Co.,Ltd.

图书在版编目（CIP）数据

生存手册：关键时刻能救命 / (美) 乔舒亚·皮文，
(美) 戴维·博根尼奇著；朱一舟译. -- 北京：北京联
合出版公司, 2017.1（2024.6重印）
　　ISBN 978-7-5502-9094-5

　　Ⅰ.①生… Ⅱ.①乔… ②戴… ③朱… Ⅲ.①自救互
救—手册②野外—生存—手册 Ⅳ.①X4-62②G895-62

中国版本图书馆CIP数据核字(2016)第277004号

生存手册：关键时刻能救命
著　　者：[美] 乔舒亚·皮文　戴维·博根尼奇
译　　者：朱一舟
出 品 人：赵红仕
选题策划：后浪出版公司
出版统筹：吴兴元
特约编辑：张之航
责任编辑：夏应鹏
营销推广：ONEBOOK
装帧制造：墨白空间·张静涵

北京联合出版公司出版
（北京市西城区德外大街83号楼9层　　100088）
天津中印联印务有限公司　新华书店经销
字数106千字　889毫米×1194毫米　1/32　6印张　插页4
2017年7月第1版　2024年6月第10次印刷
ISBN 978-7-5502-9094-5
定价：38.00元

警告

在命悬一线的时刻，能够救命的东西也许并不在手边。当您遇到本书中出现的危险场景时，我们强烈建议您——甚至是坚持认为——您应该在咨询受过专业训练的专家之后再采取行动。我们同时提醒您，**切勿试图去重现任何本书中出现的行为**。生活中当性命攸关的情况来临之时，并不是所有人都能够找到训练有素的专家，因此我们向各个领域的专家咨询并汇总了应对紧急事件的技术。本书中的救命信息直接来源于亲身处理过相关情况的专家，但是我们并不能保证书中的信息是完整、安全、准确的，并且它们也不能替代您的正确判断和生活常识。本书的出版商、作者、专家将不对任何因为正确、非正确地应用本书中所提到的急救知识而造成的损伤承担责任。最后我们特别提醒您，请勿将本书中的任何内容解释或理解为侵犯他人权益或实施犯罪行为的材料：我们希望您能够遵守当地法律，尊重他人的包括财产所有权在内的任何权利。

序 言

生存法则

我是一名SERE[①]教官,在全球范围内为超过10万名学生开发、撰写、参与并教授过相关课程,这些学生中有平民、海军飞行员、海豹突击队成员。我有着超过30年的生存训练经验——从北极圈至加拿大荒原,亦或从菲律宾的丛林至澳大利亚的沙漠。

下面来说说这些年里我学会的一些关于求生的经验吧。

无论是身处山林之中,或是在飞机上,又或者是正在越野驾驶中,"生存"意味着"活得更久,保住性命,哪怕苟且偷生;继续活着;活得越久越好"。毕竟,那才是生存的真实意义——活下去,无论处境多么可怕。

* 你需要全副武装,不仅做好身心上的准备,还要正确选择自己的随行物品。

我将自己在北极圈的训练看作一次极限生存经历。北

---

① 一种特战军事训练的缩写,四个字母分别指代一项训练要点,即"survival"(生存)、"evasion"(躲避)、"resistance"(抵抗)、"escape"(逃脱)。——编注

极有着极为恶劣和无情的环境,然而因纽特人(爱斯基摩人)不仅可以在恶劣的环境中幸免于难,而且还在地球的最北端定居了下来。你在北极生活的大部分必需品是你在动身时必须携带的——北极可提供你就地取材的物品少之又少。

一天早晨,当我们挤在圆顶冰屋里喝茶取暖时,我注意到我们年长的因纽特向导比别人多喝了几杯茶。"他一定很渴。"我想。接着我们又继续在冰天雪地里长途跋涉。在到达营地后,那位年长的向导走向一个小土墩。年轻的向导向我们解释:"狐狸会来这里寻找瞭望点,所以这是个设陷阱的好地方。"年长的向导拿出一个捕兽夹,设置好,放好铁链,但令我大吃一惊的是,他在铁链的末端撒了一泡尿!

年轻的向导又解释道:"那就是他早上猛灌茶的理由——为了固定铁链!"的确,铁链被牢牢地冻在了地上。

我学到了一课:资源充足加上随机应变等于生存。

- 不要忽视精神力量在生存中的地位,尤其是你必须保持冷静,不能慌张。记住,意志力是具有决定性的首要因素——千万不要产生"就这样,放弃吧"之类的消极想法。所有这些精神力量将会在你犯错——尤其是无法避免的错误——时发挥重要作用。

在一次去菲律宾丛林的行程中,我们的老向导"老枪"在我们长途跋涉的路上挑选并收集了多种植物。当我们到达营地时，经验丰富的老枪用竹子做成烹饪用的长管形状的容器。在这些容器中，他放进了叶子、蜗牛（他说只有老人才会捉蜗牛——因为它们爬得很慢，而年轻人会去捉虾）、几个没成熟的杧果，以及一些我不认识的东西。随后他加好水并用芋叶封住竹筒的口，然后将竹制的饭筒架在火上。

一顿丛林大餐过后，我们安顿下来，准备在夜色中入睡。这一晚，我的喉咙又痛又痒，而且十分干涩。我们身处暗夜，与世隔绝，而且我觉得自己的气管正在一点点地被堵上。第二天早上，情况变得更糟糕，我简直难以呼吸了。我询问了向导，他表示自己也有这样的情况。这使我们稍稍安心下来，并决定找到问题的原因。事实上，这是我们烧芋叶的时间过长导致的。几小时后情况好转，同时我也在心中记上一笔：在丛林中，即使经验丰富的人也有可能犯错。

所有人都会犯错。克服这些失误也是生存的一个重要部分。

- 你需要制订一个生存方案。这个方案需要包含以下重要部分：食物、火源、水、简易居所、发射信号的设备和急救药品。

我还记得我在另一个丛林中的军事生存训练。当你知道应该从何处下手时，热带环境就会成为最容易生存的环境之一。它提供了生存所需的所有物品——食物、火源、水、简易居所。虽然我们急切地需要水来缓解喉咙的干渴，但又不能贸然朝着河流的主流、支流或类似的水源行进，因为"敌人"同时也在追踪着我们。敌人知道我们急需水，所以他们会重点监视这些区域。我们的向导佩佩发现一簇丛林叶，然后从木箱中取出他的丛林砍刀，将一根直径7～10厘米的茂密的像葡萄藤一样的植物指给我看。他把藤从顶端砍断，削下60～90厘米的部分，然后将它伸向口干舌燥的我，示意我喝。太棒了！这段藤总共提供了约有一杯的水。接着他又切下了另一段，而那一段也几乎提供了一样多的水。

那天傍晚，我们凿开了一棵"塔博"（taboy）树的树干，将里面的水导入竹筒制成的储水器。一夜过后，第二天清晨，我惊奇地发现储水器中蓄存了5～7升的水。

第三天早晨便下起了雨，佩佩停下来砍了一捆比较高的草秆，他又选了一颗树皮光滑的树，将草围绕着树捆起来形成一个引水装置。然后他将竹制的水杯放在草制的水龙头下。我并不能确定这个过滤器的质量，但这却不失为一个收集雨水的好方法。那天夜里，当夜色笼罩了丛林，我们到达了安全区域并用竹子生起了火。坐在摇曳的火堆边，佩佩冲我笑了笑，说道："我们又一次避开了敌人，而且学会了如何返回。"

那个简短的句子成了我们的座右铭——事实上，它应该是每一个生存训练者的座右铭，无论他们是否意识到。那就是——"学会返回"。

　　本书也许能帮助你这么做。

引 言

会出错的事总会出错。

——墨菲定律

时刻准备着。

——童子军格言

本书蕴藏着一个简单原则：你永远也不会知道。

你永远也不会知道生活中将有怎样的危机，你的身边会潜伏着什么，你的上空正盘旋着什么，而水面之下又游弋着什么。你永远也不会知道你什么时候会被召去展示你超凡的勇气，用你的行动去掌握生死大局。

然而一旦上面的事情发生了，我们真心希望你能明白应该怎么做。这就是我们撰写这本书的理由。我们希望当遇到飞行员昏厥无法驾驶飞机，而你不得不担负起使飞机平稳降落的使命的时候，你能知道该怎么做；我们希望在鲨鱼摆动着鱼鳍冲向你的时候，你懂得如何逃脱；我们希望在荒郊野岭里没有火柴的时候，你也能够生起火来。我们希望你知道如何面对这些或是无数种危险的可能性：无论是被迫从桥上或是车上跳下，或者对着鲁莽的公牛挥出有效的一拳，还是一边躲开狙击手一边处理自己的枪伤。

在编写本书之前我们也不是什么求生专家——只是像你一样普通得不能更普通的人。乔舒亚在东部长大，是个颇具街头智慧的城市男孩；戴维在西部长大，他的青春都在远足、露营和垂钓中度过（虽然他的家人多数时候都使用一部大众房车）。我们只是一对有着不同生活背景、充满好奇心的新闻工作者，对如何在危险的情况下活下来感到有些焦虑，但又伴随着对可能或不可能发生的事情的好奇（其实大多数是后者啦）。因此我们邀请了各个领域的专家来一起编写这本书。书中的信息直接来源于众多专家——他们中有特技演员、内科医生、紧急医疗技术员（emergency medical technician，EMT）讲师、拆弹专家、斗牛士、生存专家、潜水教练、撞车比赛车手、锁匠、特技跳伞员、鳄鱼养殖者、海洋生物学家、雪崩巡逻救援队的成员等。

在这本书里，你会看到简单易懂、按部就班的指南，它们为40个对生命和身体构成威胁的场景提出了解决方案，全程加以详细的描述。同时我们也提供了其他的重要提示和信息——它们已经被用红色项目符号标记出来了——那是你必须了解的。其中任何一条都可能可以救你一命。是否想知道，你应如何面对那些动作电影里的大英雄才会面对的危机？看完这本书，你就会像童子军的一员一样使自己准备万全起来啦!

我们建议你把本书带在身边,它不仅能让你增长见闻,又超级有趣,同时还很实用。建议你在汽车的手套箱里放上一本,旅行的时候带上它,再建议为你的朋友和你深爱的人也买上一本。因为像童子军一样的人会明白它的重要性的。

然而你们只是一直不知道罢了。

乔舒亚·皮文 和 戴维·博根尼奇

目　录
Contents

第一章
逃脱妙计

如何从流沙中逃脱

❶ 当你走在流沙区时，应随身携带一根结实的长杆——它将在危急的时候救你一命。

❷ 当你开始陷入流沙的时候，将长杆置于流沙的表面。

❸ 将后背紧靠住长杆。

一两分钟之内你可以在流沙中获得平衡，并且不再下沉。

❹ 将长杆调整至另一个位置：放在臀部下方，与你的脊柱垂直。

长杆会防止你的臀部下沉，同时你可以（缓缓地）从流沙中先拔出一条腿，再拔出另一条腿。

❺ 以最短路线返回坚硬地面，动作一定要慢。

如何防止沉入流沙

流沙是普通的沙子和上涌水流的结合体，这使得它看起来像液体。然而流沙与水的不同点在于：人很难从流沙中逃脱。如果你想要从流沙中抽出四肢的话，你需要与由真空产生的吸力做斗争，下面是一些小窍门。

- 你越在流沙中挣扎，它的黏性会变得越大——慢慢地移动，保持流沙黏性越低越好。
- 浮在流沙上是一种相对简单、并且是避免没入流沙最有效的方法。你在流沙中受到的浮力比在水中更大。这是由于人体的密度比淡水的密度小，而盐水比淡水的密度大，人在盐水中比在淡水中更容易漂浮，在流沙中漂浮则比在盐水中更容易。将你的四肢伸展得开一些，并试着仰面朝上浮起来。

当你进入流沙区域时，记得带一根结实的长杆，并利用它将身体保持浮起的姿势。

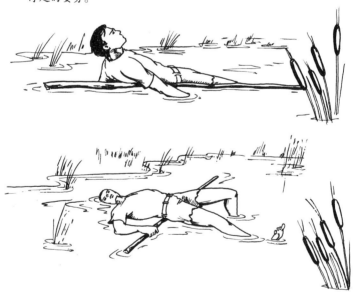

将长杆在你的脊椎下摆放至一个合适的角度，从而让你的臀部浮出来。

如何破门

室内门

❶ 对准门锁的位置，踹一两下即可破门。

冲向大门，用你的肩膀或身体和门来个对抗——这往往没有你用脚踹有效。脚比肩膀能发挥更大的力量，而且用脚的话，你能更轻易地让力集中作用在门锁的位置上。

另一种选择（如果你携带着螺丝刀的话）

★ 在门把手上找找，看有没有小洞或是钥匙孔。

大部分卧室或浴室的门会安装隐私锁。在关门的时候，这种锁可以从里面反锁，但同时门把手上也设置了一个可供紧急情况下使用的通孔，这就使得工具可以插进锁内部的机械结构。当门被误锁时，把螺丝刀或探针伸进门把手，推动或者转动锁芯即可解锁。

室外门

如果你试图砸开一扇室外门，就需要使出更多的力气了。众所周知，与室内门相比，室外门通常更坚固，常被设计成防盗结构。通常情况下，你会看到两种形式的闩锁：一种是通道锁或是大门锁，另一种是栓锁。通道锁的作用在于使门虚掩着，不至于完全锁上，而大门锁内部有一个弹簧门闩，使其在锁门之前就可以被锁定。

室外门都很牢固，就冲着门锁的那块区域踹吧。

❶瞄准门锁的那片区域，然后多用力踹几次。

通常情况下，用这种方法需要多试几次才能打开室外门。所以一直试吧。

其他选择（如果你能找到比较硬的铁片的话）

★ 将铁片插入门和锁之间，扭转、撬动门锁，并一直不停地来回撬动。

其他选择（如果你有螺丝刀、锤子或尖钻）

★ 把门铰链上的销轴卸下来（如果这扇门是向着你的方向开的），然后把门从铰链一侧打开。

找一把螺丝刀或是尖钻，然后再找一把锤子。把尖钻或螺丝刀放在铰链下方，尖端抵住螺栓或是螺钉的末端。使用锤子敲击尖钻或是螺丝刀的另一端，直到铰链掉出来。

预估所需的力量

一般来说，与室外门相比，室内门结构更加轻巧和单薄——厚度一般是3.5 ~ 4.2厘米，而室外门的厚度通常为4.5厘米。通常情况下，老房子更有可能装一扇结实的木门，而新房子就很可能配备廉价且空心的门。了解你要打开的门的类型，会降低你破门而入的难度。你可以通过敲击一扇门来预估它的结构和硬度。

空心门：这种类型的门通常被用作室内门。因为它几乎不隔音，而且没有什么防护的作用，所以你只需最小的力气。对付这种门，用一把螺丝刀就绰绰有余。

实木门：这种类型的门通常是由橡树或类似的硬木做

成的，所以需要普通力度，利用撬棍或者其他类似的工具才能打开。

实心门：这种类型的门通常内部有软木框架，框架的每一边都由层压板粘在一起，核心是胶合板。这种门需要普通力度和一把螺丝刀就可打开。

钢木门：这种类型的门通常是用包了一层薄金属板的软木材制造的。突破这种门需要用比平常大一点的力气，并需要配合撬棍来打开。

金属门：这种门一般是用比较厚重的金属制造的，在边缘有着加强槽和预留出来的锁头安装位置，有些时候门内会填充某种阻燃材料。打开这种门的时候，有多大劲就要使出多大的劲来，而且还需要借用撬棍的力量。

如何破车而入

大部分十年以上车龄的汽车的车锁，都是那种垂直安装的按钮锁，这种锁一般直接从车门顶端上锁，并且在车门内侧安装着垂直锁杆。这种锁用一个铁丝衣架，或是"瘦吉姆"（Slim Jim）开锁器，甚至是如下面说的利用工具撬开，都能轻松打开。而新式的车则换成了水平的锁，这种锁安装在车门的侧面，与水平锁杆连接。在没有特殊的开锁工具的情况下，这种门锁是很难打开的。当然，并不是完全没有可能。

如何使用一个衣架打开车门

❶ 拿一个铁丝衣架，拉直并弯成"J"形。

❷ 把"J"底下的弯钩修成直角，使得这个钩子的宽度为 4 ～ 5 厘米（见下页插图）。

❸ 把衣架插进窗玻璃和门上的密封条之间，慢慢地伸进车门里。

不断地试验，凭着感觉慢慢地找到门锁最底下的一根连杆，钩住之后向上提，门就打开了。

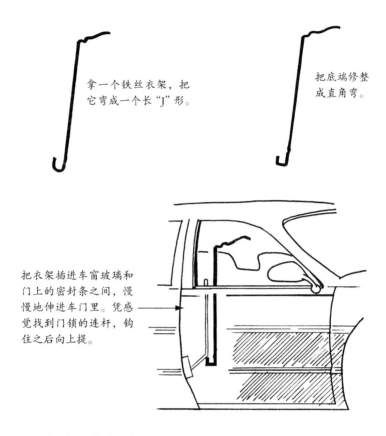

拿一个铁丝衣架，把它弯成一个长"J"形。

把底端修整成直角弯。

把衣架插进车窗玻璃和门上的密封条之间，慢慢地伸进车门里。凭感觉找到门锁的连杆，钩住之后向上提。

如何使用"瘦吉姆"开锁器打开车门

"瘦吉姆"开锁器是一片利用弹簧钢做成的薄铁条，它的一端有用来钩住连杆的"V"形缺口。这种开锁器可以在大部分汽车用品商店买到。

❶ 把工具从车窗玻璃和门上的密封条之间慢慢地伸进车门里。

有些车锁的联动位置只有不到1厘米的探入空间，所以一定要慢慢地往里探入，而且，一定要有耐心。

❷ 在试图找到连杆的过程中，不要粗暴地硬拽工具。

这有可能会把锁拽坏，而且如果是电子锁的话，还有可能会把门里面的线路弄得一团糟。

❸ 来回移动工具，直到钩住连杆为止，然后轻轻地调整位置，直到打开车锁。

把"瘦吉姆"开锁器从车窗玻璃和门上的密封条之间慢慢地伸进车门里，凭感觉去寻找锁连杆的位置，来回缓慢地调整位置直到打开车锁。

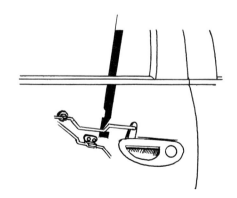

如何撬开门锁

❶ 你需要两个工具——一个用来调整锁芯中锁片或弹子的位置，而另一个用来旋转锁芯。

你可以使用一个小的内六角扳手来旋转锁栓，再用一个发卡来调整弹子和锁片。要随时有着"车门锁要比屋门锁更难开"的意识，因为车门锁通常有一个小的罩子保护着锁芯，这使得整个过程变得更加复杂。

❷ 当把发卡插进锁头之后，对每一个弹子施恒力的同时，轻轻旋转六角扳手。

这是唯一的一个能够确定锁片（或弹子）是否已经按照正常情况下钥匙插进锁芯里的时候排列的样子的方法。一般来说，大部分的锁头都有五个弹子。

❸ 继续上一个步骤，直到你感觉到锁芯能够自由地转动，锁头就被打开了。

另一种选择

★ 使用同一个制造商所制造的不同汽车的钥匙。

令人惊讶的是，车锁的类型其实只有那么几种，可能别的车的钥匙在这台车上一样好用。

注意！

我们假定你的以上一切行为都只是为了想要进入你自己的车。

如何短接启动一辆车

警告：除非是在取回自己的车的时候，否则不经过车主的同意而私自短接启动车辆即为违法行为！短接启动可能会让你触电，而且并不是所有的车都能用短接启动，特别是那种安装着安全装置的车。有些车的点火阻止开关（kill switch）可以阻止短接。

❶ 打开发动机盖。

❷ 找到主高压线（应该是红色的）。

从火花塞线开始，一路找下去，就能够找到主高压线。大部分的八缸引擎的火花塞线和主高压线是在引擎的后面。对六缸引擎来说，一般在引擎左侧的中部。而如果是四缸引擎的话，这些线一般在引擎右侧的中部。

❸ 从电池的正极（＋）引出一根线，接至主高压线圈的正极接线柱，或是引向连着线圈的红色电线。

这步将给仪表盘供电。一般来说，不先做这步，车辆是不能发动的。

❹ 找到起动器螺线管。

对大部分的通用牌汽车来说，它一般就位于起动器上，对于福特汽车来说，它位于副驾驶一侧的挡泥板附近。

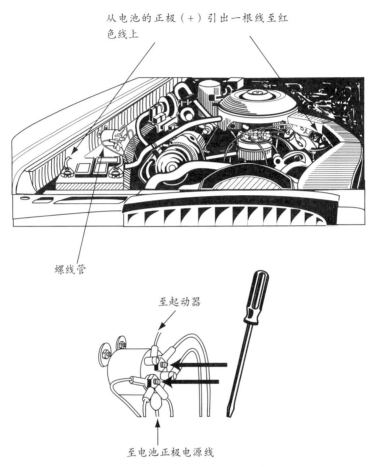

从电池的正极（+）引出一根线至红色线上

螺线管

至起动器

至电池正极电源线

将两个接线柱用一把螺丝刀或钳子短路（如果是福特车的话）

最简单的办法就是顺着电池电源线的正极引出线去找，你能看到一根比较细的线和电源线的正极引出线，将它们用螺丝刀或钳子短路，这样就能够把发动机启动起来。

解锁方向盘

将螺丝刀插进转向柱
的上方正中央

通用电磁阀

❺如果车辆是手动挡车型,将其置为空挡,并拉起手刹。
如果是自动挡车型,将其置为泊车挡(P)。

❻使用一把一字螺丝刀将方向盘解锁。

拿起螺丝刀,把它插进转向柱的上方正中间,然后向前推螺丝刀,即远离方向盘的方向。推的时候一定要把稳螺丝刀,不用担心它会坏掉。

如何驾驶车辆进行 180°漂移式掉头

倒车起步

❶ 把车挂上倒挡。

❷ 在前方的视线范围内选择一点，并一直盯着那里。开始倒车。

❸ 猛踩油门。

❹ 猛打方向，使车轮偏转约90°。与此同时，摘倒挡并挂上前进挡。

这时候一定要确认车辆有足够的速度，来让车辆本身的动量作用于自身，从而使车辆旋转。但是一定要小心，过快的速度（72千米/小时以上）可能会导致翻车（同时损坏机械结构）。向左打方向盘会使车辆旋向左侧，而右打方向盘会使车辆向右旋转。

❺ 完成旋转后，轻踩油门并向前行驶。

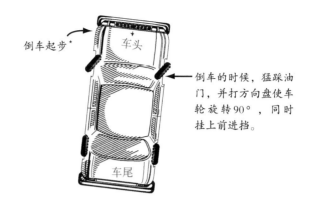

倒车起步*

倒车的时候，猛踩油门，并打方向盘使车轮旋转90°，同时挂上前进挡。

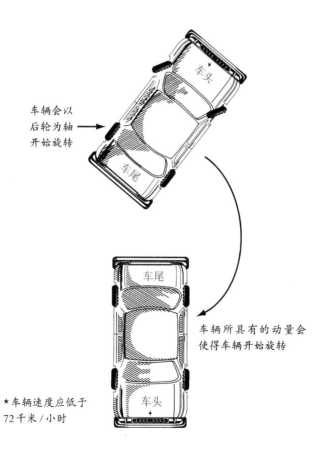

车辆会以后轮为轴开始旋转

车辆所具有的动量会使得车辆开始旋转

★车辆速度应低于72千米/小时

正常起步

❶ 正常驾驶或是起步的时候，加速到比较平稳的时速（72千米/小时以上的速度会有翻车的危险）。

❷ 挂空挡，这样可以防止前轮左右偏转。

❸ 不要踩油门！打方向盘，让车轮旋转90°的同时拉起手刹。

❹ 当车尾旋转过来的时候，把方向盘回正并松开手刹。

❺ 轻踩油门，向着你刚刚开来的方向行驶。

注意！

- 在直行时180°漂移式转弯要比倒车时更难，主要是因为以下原因：
- 车辆前部比车辆尾部更容易漂移，因为前部更沉，在动量作用下会移动得更快。
- 保持车尾部的稳定性更加困难，因为它更轻，而且比起车的前部来说更加容易打滑。最主要的危险来源就是在旋转中失去控制或是车辆侧翻。
- 道路条件也是决定漂移成功与否或是否安全的关键因素，那些无法提供足够抓地力的地面（松土、泥地、冰面或是碎石地）都会使得漂移更加困难，并且更加容易导致撞车。

如何撞开一辆车

将一辆堵住你通行道路上的车撞开可不是件容易又安全的事，但即使这样，还是有一些更加有效的方案，而且会将你车辆的损伤降到最低。请务必记住，最好的方法是大约从距离它的后保险杠30厘米的位置撞击它的正后方。车的后方是车身最薄弱的地方，所以移动起来也相对容易。撞车后方的话也能使这辆车暂时报废——后车轮都被你撞坏了的话，你就有时间从追逐中逃之夭夭啦。

❶ 如果可以的话，关闭你的安全气囊。

一旦受到撞击，安全气囊将会打开。这无疑会阻碍你的视线。

❷ 系上安全带。

❸ 将车的时速开到至少40千米/小时。

也别开得太快——将车保持在低速状态，这样你不必踩刹车就能控制车速。然后，当你准备撞上去时，把车速开到至少48千米/小时，这样就能给挡路车的后轮来个致命一击。

❹ 用你的副驾驶一侧撞击挡路车的后轮，撞击的角度成90°。（车辆必须是垂直的）

❺ 如果你没办撞击挡路车的车尾，那就去撞车前角。

避免笔直地撞上车的侧面，这么干可没办法撞开车辆。

❻挡路车会自己转出道路——踩油门，然后你就可以勇往直前了！

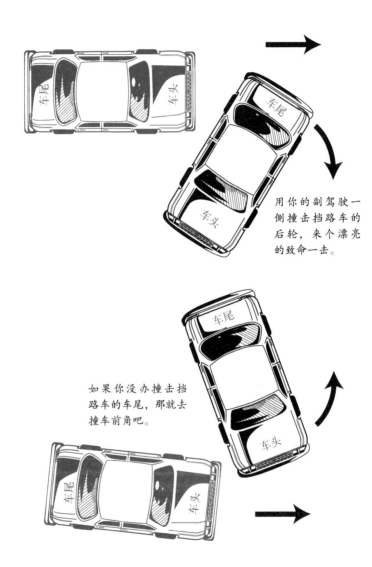

用你的副驾驶一侧撞击挡路车的后轮，来个漂亮的致命一击。

如果你没办法撞击挡路车的车尾，那就去撞车前角吧。

如何从落水的车辆中逃生

❶ 车辆掉进水里的时候，第一时间打开车窗。

这将是你逃生的最佳机会，因为在水下的时候，车门会因为水压而变得极难打开（为了安全起见，在开车行驶于水边或冰面上的时候请把车门或车窗留出一点缝隙，不要完全关闭）。打开车窗之后，水压会随着水灌进车内而慢慢平衡，当车内外水压平衡时，你就可以打开车门逃生了。

❷ 如果你的车使用的是电动的车窗，进水的时候变得没办法打开，或者没办法把玻璃完全摇下来。可以试着用脚、肩膀或者像是防盗方向盘锁之类的重物敲碎玻璃逃生。

❸ 逃出车辆。

除非车中还有其他人，否则不要留恋车中的任何东西，尽快逃生。前置引擎的车辆会以一个非常陡峭的角度下沉，如果水深约4.5米或更深的话，最终车辆会翻转，以四轮朝天的状态沉入水底。因此，你必须趁着车辆仍然漂浮在水上的时候尽快逃出。根据车辆的不同，漂浮的时间从几秒钟到几分钟不等。车辆密封性越好，漂浮的时间就会越长。车中的空气会很快地从后备厢和驾驶室里逸出，当车辆沉入河底的时候，车厢里就没有空气了。所以一定要尽

车辆掉进水里的时候，第一时间去打开车窗，否则车门将会因为水压而难以打开。

如果在沉到水底的过程中都没办法逃出车辆，试着踹开或用肩膀撞开车窗。

快逃出车辆。

❹ 如果你没办法打开或敲碎窗户，你仍有一个最终的选项。

车辆开始进水的时候保持冷静，不要恐慌。当车内水位快要淹没过头部的时候，深吸一口气并屏住呼吸。这时候车内外的水压应该差不多能够达到平衡，你就可以打开车门，然后游向水面了。

如何避免掉入冰面之下

· 冰层至少需要达到20厘米，轿车和轻型卡车才能安全地在上面行驶。

- 在冬季的开始和结束的时候驾车横穿冰面是不明智的。

- 在冰面上把车长时间停在一个位置是不安全的,这是因为车的重量会渐渐压垮下方的冰面,也不应该把很多车辆停放在一起,更不应该组成车队在冰面上行驶。

- 穿越冰面上的裂缝时,应在垂直于裂缝的方向上行驶并缓慢穿越。

- 新冻结的冰面一般要比旧的冰面更厚。

- 一次性全部冻结的湖面和水域要比由融雪和裂缝中涌出的水多次"融化—冻结—再融化—再冻结"而来的冰面更加牢固。

- 冰面上方有雪覆盖的时候要加小心!雪层使冰面和空气隔离开来,从而减缓冻结的速度。同时,雪层也加重了冰面承载的负担。

- 岸边的冰层更脆弱。

- 河面的冰层要比湖泊的冰层脆弱。

- 河口的冰层是危险的,那里的冰层十分脆弱!

- 随身带几根大钉子和一条几米长的绳子。钉子可以帮助你从冰窟下逃生;而绳子既可以用来扔给某个在坚实冰面上的人来助你逃生,也可以随时用来救他人一命。

如何应对掉落的电线

高压电线是将从发电厂和变压器得到的电力传输给人们的媒介，但在狂风暴雨中，有些线路可能会被刮断垂落。当你在车中遇到路边的电线杆倒塌或电线掉落时，待在接地的车里比你双脚着地要安全得多。如果电线掉到了你的车上，不要碰触任何东西——待在原地等待救援。

❶ 无论是否冒着火花，都要假定所有的电线都是带电的。

❷ 离落在地上的电线远一些。

电流可以在所有导体中流动，而地上的积水会提供电流一个通向你的途径。过于接近高压电线，即使没有直接接触，也可能导致触电身亡。请不要用手去碰触一台与可能通着电的电线接触的车辆——它可能仍带有电荷。

❸ 请不要认定没有冒着火花的电线就是安全的。

通常，电力会被电气化设备储存，使不通电的电线变得危险。即使你知道那些接触地面的线路不是电线，也不要贸然靠近——这些线可能在落地的过程中接触到了带电的电线，从而也带上了电。

❹如果有人接触到了通电电线，用绝缘体将他和电源分开。

用扫帚柄、木头椅子，干毛巾或干被单。橡胶、绝缘手套无法提供保护。

❺避免与触电人的皮肤直接接触，也不要触碰带电体，直到他/她不再接触电源，否则你们可能会一起被电击。

❻检查脉搏，进行人工呼吸，施行心肺复苏术。

请不要用手去碰一台接触有电电线的车辆。
即使电线被拿走了，车辆仍有可能带电。

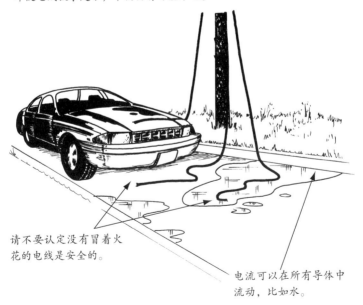

请不要认定没有冒着火花的电线是安全的。

电流可以在所有导体中流动，比如水。

第二章

防御之道

如何在毒蛇的袭击下幸存

因为某些毒蛇极难辨别——一些无毒蛇身上带有与毒蛇相似的花纹——所以，避免被蛇咬伤的最好方法就是别去碰任何种类的蛇。除非你清楚知道某一条蛇是有毒或者无毒的，否则请将你遇到的蛇都认定为有毒的。

如何处理咬伤的伤口

❶ 一旦被咬伤，立即用肥皂和清水清洗伤口。

❷ 固定被咬伤的部位，使其保持在低于心脏的位置。这能降低毒液的扩散速度。

❸ 尽快寻找医疗救援。

医生能够处理任何蛇的咬伤，除非你更愿意用性命去赌一把咬你的蛇是无毒的。在美国，一年平均约有8000起毒蛇咬伤人类的事件，并有9～15人丧生。任何一种毒蛇的咬伤都应被看作紧急情况，哪怕是无毒蛇所造成的伤口，也应该得到专业人士的处理，不然可能会有过敏性反应产生。一些莫哈韦沙漠响尾蛇带有损害神经的毒液，这种毒液可能会对大脑或脊髓造成影响，进而造成麻痹、瘫痪等严重后果。

❹ 如果你不能在30分钟内获得救援，立即在伤口上方5～10厘米的位置用力包扎，这样可以减缓毒素扩散速度。

注意不应该让绷带完全地阻拦住静脉或动脉的血液流动。让绷带的松紧程度可以穿过一根手指。

❺ 如果你带着装有吸引装置的急救箱，按照说明将毒液从伤口中吸出，这样治疗时不需要再做切口。

通常情况下，你需要将橡胶吸盘罩在伤口上，接着尝试从咬痕处吸出毒液。

不要做这些事

- 不要冷敷伤口，这会使吸出毒液变得更加困难。
- 不要将绷带或止血带绑得太紧。如果使用不当，止血带会完全阻碍血液流动，造成肢体损伤。
- 不要为了弄出毒液而尝试切开咬痕或其周围皮肤——这极容易造成感染。
- 不要尝试用嘴吸出毒液。毒液进入你的嘴里之后，有可能再次混入你的血液，你肯定不希望这样。

蛇类在进攻之前会把自己卷起来。

蛇类的攻击范围大约是自身长度的一半,它的另一半躯体则不会离开地面。

如何逃离一条巨蟒

与毒蛇不同的是,巨蟒和王蛇不是用注入毒液,而是用绞杀的方式杀死猎物。因此这些蟒蛇的英文名还有一层意思为绞杀者(constrictor)。蟒蛇将它的猎物用身体缠住并逐渐收紧,直到绞死猎物。

巨蟒和王蛇可以长达6米,所以它们足够杀死一个成年人,小孩子对于它们更是不在话下。不过好消息是,大多数的巨蟒倾向于在攻击之后离开,而不是把你给吃了。

❶保持静止。

这会使蟒蛇绞杀的力度最小化，不过通常蟒蛇会继续缠紧，直到猎物死去停止不动。

❷尝试控制蟒蛇的头部，然后解开缠绕着的蟒蛇，从哪一头开始都可以。

如何避免受到攻击

- 不要尝试近距离观察蛇，或者用手戳蛇让它动，甚至杀死一条蛇。
- 如果你碰到了一条蛇，缓慢后退，给它留一个足够大的安全距离。蛇类的瞬间攻击范围可达其自身长度一半，有些种类的蛇的攻击范围甚至能有1.8米或者更长。
- 当你在一个有毒蛇出没的地区远足时，记得一定穿上厚皮靴子和长裤。
- 沿着明显的路走。
- 蛇是冷血动物，因而需要依靠太阳调节体温。它们多被发现在温暖的石头上或者其他有阳光照射的地方。

如何抵挡鲨鱼的攻击

❶ 反击。

如果鲨鱼向你冲过来或者攻击你，用手边能拿到的一切——相机、探针、捕鲸炮、你的拳头——去击打鲨鱼的眼睛和鳃，因为这些区域是鲨鱼的疼痛敏感处。

❷ 快速、猛烈、反复地攻击这些区域。

鲨鱼是食肉动物，它们只在自己占据优势的情况下发动攻击，所以为了获得更大的求生概率，你需要不顾一切地让鲨鱼怀疑自己是否在攻击中占据了优势。与主流观点相悖的是，鲨鱼的鼻子不是最好的攻击区域，除非你够不到它的眼睛或者鳃。攻击鲨鱼的目的只是警告它你不是好惹的。

如何避免受到攻击

- 保持团队行动——鲨鱼倾向于攻击落单的人。

- 别游得离岸边太远。这样你就无法及时获得救援，并因此增加额外的风险。

- 夜间和黄昏不要入水，因为鲨鱼在这时候最为活跃，而且占据了敏感的感官优势。

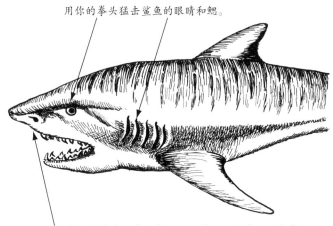

用你的拳头猛击鲨鱼的眼睛和鳃。

鲨鱼的鼻子对痛觉没有上部标示区域那么敏感。攻击鼻子是一个很普遍的误解。

- 如果你身上的外伤正在流血，或者月经来潮，请不要下水——鲨鱼很容易被血吸引而来，因为它们的嗅觉器官非常灵敏。

- 尽量不要佩戴闪闪发亮的珠宝，因为这些珠宝反射的光线看上去就像鱼鳞的光泽。

- 避免进入已知有污水和废水排放其中的水域，或者有过运动或商业捕鱼活动的水域，特别是有垂钓、饲养迹象的地方。潜水海鸟是帮助你辨别出这些地方的好手。

- 要格外留心浑浊的水域。尽量避免身上有不均匀的晒痕或者身着亮色的衣服——鲨鱼对颜色的对比特别敏感。

- 如果鲨鱼在你面前现身，可能它对你好奇的成分超过了想要捕食的欲望。它可能会游走，然后把你留在原处。如果你正巧处于水面下，特别幸运地能看到一条正在尝试进攻的鲨鱼，如果这条鲨鱼不大，那你就获得了防御的绝好机会。
- 潜水员应当尽量避免横卧在水面上，因为这在鲨鱼眼中就像一只猎物，而且潜水员在这种姿势时也无法看到正在逼近的鲨鱼。
- 对于常去海洋里光顾的人来说，鲨鱼无疑是一种潜在的威胁，但这也需要客观地看待。蜜蜂、黄蜂、蛇都是恶性事故的罪魁祸首，而美国的年度死亡风险中，被雷击的危害性是被鲨鱼攻击的30倍。

鲨鱼的三种攻击方式

"咬了就跑"：这种方式是鲨鱼的惯用伎俩。冲浪带是这类事件的高发区，游泳者和冲浪者都是鲨鱼袭击的目标。受害者往往看不见鲨鱼的袭击，因为鲨鱼总是在咬了你一口、在你身上划一道伤口之后就头也不回地游走了。

"撞了再咬"：这种方式的特征是鲨鱼起初会围着你转，并且常在真正的攻击之前撞击受害者。这种方式通常会发生在潜水员或者深海里的游泳者身上，但也会发生在某些近岸浅水区。

"鬼鬼祟祟"：这种攻击方式与上面两种方式的区别在于：它可能会在没有任何预兆的情况下发生。这种攻击兼具"咬了就跑""撞了再咬"的攻击方式，重复攻击的情况十分常见且数量较多，持续攻击也很普遍。这些袭击留下的伤往往十分严重，很容易致命。

注意！

大部分的鲨鱼袭击事件都发生在近岸水域，特别是近岸沙洲或者沙洲之间，因为在这里鲨鱼便于捕食，猎物经常会在退潮的时候被困在这里。陡峭的海峭壁也可能成为袭击发生的地点。鲨鱼聚集在这些区域，是因为它们捕猎的对象会聚集在这里。任何一种总长达 1.8 米以上的大型鲨鱼，对人类都会构成潜在的威胁。有三种鲨鱼尤其地喜欢攻击人类：大白鲨（*Carcharodon carcharias*）、鼬鲨（*Galeocerdo cuvieri*）、白真鲨（*Carcharhinus leucas*）。鲨鱼在全世界范围内都有分布，并且为数众多，以大型的猎物（海洋哺乳动物、海龟和鱼类）为食。

如何逃离一头熊

① 躺着不动，保持安静。

根据有案可查的袭击事件来看，当人遭到一头母黑熊的袭击时，通常只要停止挣扎就可以结束冲突。

② 待在原地，不要以爬树的方式来试图躲避熊。

黑熊爬树很轻松也很快，经常会跟着你一起爬上去。但如果你站在原地不动，它倒是有可能就扔下你不顾了。

③ 如果你躺着不动，熊还是攻击你的话，用你能用的任何东西还击。

冲着熊的眼睛或者口鼻部位打吧。

看见熊之后你该做什么

- 当你现身的时候，最好同时大声说话、鼓掌、唱歌，或时不时地大声呼喊（有些人更喜欢戴着铃铛）。无论你做什么，一定要制造声音——吓吓熊又不花钱。记住，熊跑得可比你快多了。
- 管好孩子，不要让孩子跑到你看不到的地方。
- 和熊之间并没有什么安全距离的最小值——当然是越远越好。

- 如果你身处车中，待在里面别出去——哪怕你只是想去拍张照片。关好车窗，不要阻挡熊过马路的路线。

虽然所有的熊都很危险，但是下面三种情况就不仅仅是威胁的程度了。

母熊保护幼崽

熊习惯了人类的
食物

熊在保护刚刚捕猎
来的食物

如何避免被熊攻击

- 减少或避免在你的身体上、营地、衣服上、车上留下食物的气息。
- 请勿穿着下厨做饭时的着装睡觉。
- 把食物贮藏起来，以避免熊闻到味道或是够到食物。
- 不要把食物放在你的帐篷里——即使只是一条巧克力。
- 以恰当的方式保存并带走你的垃圾。
- 贮藏宠物食品时得像对待你自己的食物那样谨慎。
- 虽然所有的熊都很危险，并且应尽量避免接触，但是有三种情况比一般情况更为可怕。这些情况是：

  母熊保护幼崽；

  熊习惯了人类的食物；

  熊在保护刚刚捕猎来的食物。

注意！

在北美，大约有650 000头黑熊，但实际上平均每3年仅1个人会被熊袭击致死——虽然会有成千上万次遭遇熊的事件。美国大陆上大多数的品种都是黑熊，但黑熊也不都是黑色的熊：有一些黑熊的毛皮是深棕或亚麻色的。通常公熊的体格都比母熊大（公熊体重为55～230千克，母熊为40～140千克）。

- 熊的奔跑速度可与马媲美，无论上坡下坡。
- 熊都是爬树的好手，黑熊比灰熊爬得更好。
- 熊有着极好的嗅觉和听觉。
- 熊十分强悍，它们甚至可以为了获取食物而撕开一辆车。
- 每一头熊都保留有自己的"个人空间"。空间的范围随每头熊的不同、情况环境的不同而变化，可能几米到几百米不等。闯入这些空间的入侵者会被熊认为是一种威胁并可能受到攻击。
- 熊在保护食物的时候极具侵略性。
- 所有母熊都会保护它们的幼崽。当带着幼崽的母熊受到近距离惊吓后，它就可能会发动攻击，当母熊和幼崽被迫分开时亦会如此。
- 若幼崽受到伤害，母灰熊对此所采取的任何侵略性行为都是出于本能。
- 母黑熊会将它的幼崽赶上树，自己在树下抵御进攻。
- 最好离动物尸体远一些。熊也许会为了保护这类食物而发动攻击。
- 远足的时候最好不要带上爱犬。因为狗很可能引起熊的敌对，从而造成袭击。一条没有拴好的狗甚至有可能把熊引到你身边。

如何逃离一只美洲狮

❶ 不要逃跑。

美洲狮可能早就已经察觉并嗅到了你的气息。而逃跑只会增加它对你的注意。

❷ 试着用大张开外套的方式来让你显得体形庞大。

美洲狮不会轻易去攻击一个大型动物。

❸ 不要下蹲。

站住脚，舞动双臂，然后大声呼喊。告诉它你可不是毫无防御的。

❹ 如果你身边带着小孩子，把他们抱起来——做出一切可以使你显得更大的动作。

小孩子跑得很快，声音又很尖锐，他们的处境往往比大人更危险。

❺ 慢慢地向后撤退，或者静待美洲狮离开。

尽快向政府报告美洲狮目击事件。

❻ 如果美洲狮仍表现出侵略性，那就冲着它扔石头。

你需要使美洲狮明白你不是猎物，并且可能对它构成威胁。

当你看见一只美洲狮时，不要逃跑，也不要下蹲。试着用张开外套的方式来让你显得体形庞大。

❼ 如果你遭到攻击，立刻反击。

大部分的美洲狮都体形较小，因而足以让一个平均体形的成年人通过激烈的反击来抵挡住它们的攻击。反击的着手点主要在头部，特别是眼、口部位周围。用树枝，拳头，或者在你手边的任何一件东西来对其造成伤害。不要蜷缩起来或是装死，因为它们通常会跳到猎物身上，然后对后颈部来个"致命一击"。美洲狮的一项绝技就是咬断猎物的脖子和击倒猎物，同时它们也会直扑向猎物的颈部，用压倒性的力量将猎物拽倒。所以你需要不惜一切代价地保护好你的脖子和喉咙。

如何避免受到攻击

美洲狮，又称山狮，因伏击人类而为人所知。好争斗的美洲狮甚至会攻击远足者，尤其是小孩子，而这也曾导致了严重的伤亡。然而，大部分的美洲狮仍会选择躲开人类。为了避免在美洲狮的栖息地遇见它们，你最好避免一个人徒步旅行，也别出没于傍晚和拂晓，因为这时候的美洲狮最为活跃。

如何从与鳄鱼的角斗中胜出

❶ 如果你身处陆地，试着爬上鳄鱼的背部然后对它的颈部施以重压。

这能够强有力地压制住鳄鱼的头和下颚。

❷ 蒙住鳄鱼的眼睛。

这样可以使鳄鱼镇定下来。

❸ 如果你被鳄鱼攻击，对它的眼睛和鼻子进行反击。

拿起你所能拿到的一切东西作为武器，哪怕只有拳头也可以。

❹ 如果鳄鱼正咬着你（比如你的四肢），轻叩鳄鱼的口鼻部位。

鳄鱼的嘴会在被轻叩时张开。它们会把嘴里咬着的一切都丢下并且后退。

❺ 如果鳄鱼用下颚咬住了你，你必须防止它咬着你甩动或是翻转——这些本能行为会造成致命后果。

尽量让它的嘴巴闭合得紧一些，这样鳄鱼就不会摇晃了。

❻ 即使你的伤口只是一个小口子或者擦伤，也需要立即进行医疗护理来治疗感染。

鳄鱼的嘴里有大量的病原体。

为了让鳄鱼把嘴松开，你应该轻叩鳄鱼的
口鼻部位。

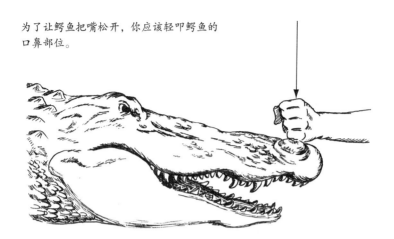

如何避免受到攻击

尽管在美国，由于受到鳄鱼攻击而死亡的事件极少，但在非洲国家，尼罗鳄仍导致了成百上千的袭击事件，而在澳大利亚和亚洲国家，罪魁祸首则是湾鳄。以下几点你需要铭记于心：

- 不要在已知的鳄鱼出没地游泳或者徒步旅行（在佛罗里达州，鳄鱼可能到处都有）。
- 不要独自一人游泳或是跋涉，并且在你的冒险开始前仔细检查这片区域。
- 永远不要喂鳄鱼。
- 乘船的时候，不要把手或者脚荡出船外，也要避免从船上和码头上向水里扔没用完的诱饵和鱼。
- 不要打扰鳄鱼，不要尝试触碰鳄鱼，不要捕捉鳄鱼。

- 不要动任何的鳄鱼幼崽和鳄鱼蛋。成年的鳄鱼会对幼鳄的危难进行回击。母鳄会守卫巢穴并保护幼鳄。

- 在大多数的情况下，会发动攻击的鳄鱼都是被人类提供过食物的鳄鱼。这是极为重要的联系——人类在被喂养过的鳄鱼面前失去了对鳄鱼的威势，进而却使鳄鱼变得更具有攻击性。

如何逃离杀人蜂

❶ 如果有蜜蜂绕着你飞或者蜇你，不要僵住不动。

立刻逃跑！拍打那些蜜蜂只会让它们更加生气。

❷ 躲进室内，越快越好。

❸ 如果没有可以遮蔽的地方，你可以穿过灌木<u>丛</u>或比较高的杂草。

这些地方会让你稍有掩护。

❹ 如果一只蜜蜂蜇了你，它的螫针会留在你的皮肤里。

用你的手指甲在蜇伤区域横向划动，以此来取出螫针。不要试着把螫针挤出来或是拉出来——这有可能让螫针中更多的毒液流入你的身体。由于毒液可持续从螫针注入你的身体达10分钟之久，所以千万不要让螫针留在你的皮肤中。

❺ 不要跳进泳池或者其他水域——蜜蜂大军很可能会一直等着你，直到你从水中露面。

如果有蜜蜂绕着你飞或者蜇你，不要僵住不动，不要拍打它们。立刻逃跑。如果没有可以遮蔽的地方，你可以穿过灌木丛或高的杂草。

如果有蜜蜂蜇了你，用你的手指甲横向在蜇伤区域划动，以此来取出蜇针。不要掐这块皮肤。

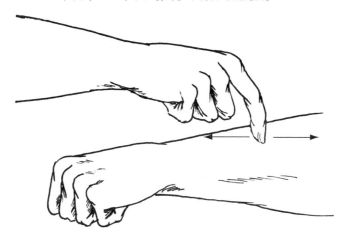

被袭击的风险

非洲化蜜蜂是普通家养蜜蜂的远亲，在美国已经居住了一个世纪。而它的"杀人蜂"之名是由一些杂志记者，根据它们几年前制造的数桩死亡事件创造出来的。一般认为，非洲化蜜蜂非常有"野性"：它们很容易被人类或是动物激怒，不经意间就会变得极具挑衅性。

蜜蜂们成群飞离蜂巢的时间通常在春天和秋天。这是整个蜜蜂群去造一个新的蜂巢的时节。它们可能会成群结队的飞行——我们称之为"蜂拥"——直到找到合适的场所。一旦新的蜂巢建成，蜜蜂们开始抚养新生命，它们就会通过蜇咬的方式来保卫巢穴。

虽然任何一种蜜蜂都会保卫自己的巢穴，但非洲化蜜蜂在这方面投入了更多的精力。这些蜜蜂足以致命，它们甚至对那些对蜜蜂螫针不过敏的生物也构成危险。在几个相互独立的事件中，都曾发生过人类和动物被蜂蜇致死的情况。普通蜜蜂的追逐距离通常为45米左右，而非洲化蜜蜂的追逐距离则会是普通蜜蜂的3倍。

大多数人类被蜇咬致死的情形，发生在他们没能快速逃离蜂群的时候。而动物们被蜇死的原因也差不多——那些被拴起来或者被圈在栅栏里的宠物和牲畜，在遭遇杀人蜂时根本无路可逃。

将危险最小化

- 将外墙上的洞和裂缝填补起来以避免蜜蜂筑巢。同时也要填满树洞，在排水口顶部和地面上的水表箱上放置隔板。
- 不要打扰蜂群。如果你瞧见蜜蜂正在——或者已经——在你家附近筑巢，不要去打扰它们。给害虫控制中心打电话咨询移走蜂窝的相关事宜。

如何应对一头猛冲过来的公牛

❶ 不要和公牛正面对抗，也不要轻举妄动。

除非公牛被惹怒了，否则通常情况下它们不会理睬人类。

❷ 找找周围安全的地方——可以是一条逃跑路线，一块掩体，或者一片高地。

径直逃跑看上去没什么用，除非你发现一扇开着的门、一道可以跨越过去的栅栏，或者别的什么安全的地方——公牛跑得可比人类快多了。如果你能到达那个安全的地点，就撒丫子跑吧。

❸ 如果周围没什么庇护所，脱下你的衬衫、帽子等衣物。

你可以用这些衣物来分散公牛的注意力，并且事实上，这跟衣物的颜色没什么关联。斗牛士们使用红色只是一种传统色，而公牛其实不会只冲着红色奔去——它们会冲过去是因为物体的"移动"，而非"颜色"。

❹ 如果公牛冲过来了，保持冷静，然后把你的衬衫或是帽子什么的扔出去。

接下来公牛就会朝你扔出去的那件衣物冲过去，而不是冲向你本人。

如果在一头横冲直撞的公牛周围找不到什么庇护所，脱下
你的衣物并将它扔得远远的。公牛会转向并朝着你扔出去
的衣物冲过去。

如果你遇到了受惊了的牛群

　　如果你碰到了一群受了惊的公牛或黄牛的时候，不要
轻易尝试分散它们的注意力。你应该试着判定牛群的前进方
向并躲开那个区域。如果你没办法躲闪，剩下的唯一选择就
是沿着牛群的前进路线奔逃以避免被踩踏。公牛和马匹不同，
它们不会在你躺下来的时候避开你。所以你只能继续跑了。

如何赢得一场斗剑

永远将你手中的剑保持在"整装待发"的状态——将它置于身前，两手握住，与地面垂直。这样一来，你就可以轻易地控制你的剑并让它左右、上下地移动，通过挥舞你的手臂来阻挡或发动一击。以一定的角度握住剑尾，让剑首略指向你的对手。想象在你面前有一扇门——你必须使你的剑能够挥向任意一个方向，同时可以击打到门框的任意一边。

如何抵挡与还击

❶上前迎击，并保持手臂紧贴身体的状态。

你需要反应敏捷，同时挑战你的本能，因为你的本能会怂恿你后退、逃走。但当你逼近对手之后，你就可以减少每次挥舞所需要的力量。尽量避免把手臂伸出去，因为这会使你的反击变得无力。

❷用推开和"挥击"的方式对抗打击，而不是简单地尝试用你的剑来抵挡攻击。

如果是冲着你的头部来的一击，你可以将剑举至头顶，使剑处于与地面完全平行的状态。你应该用剑的中心位置抵挡攻击，而不是剑尾。即使你处在防守的状态，也应该一直保持向你对手的方向前进。

如何转移攻击

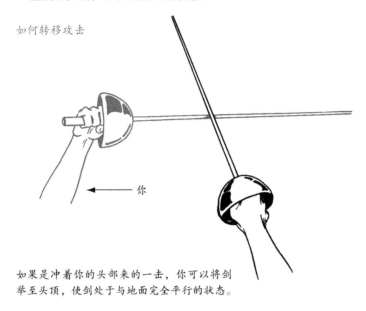

如果是冲着你的头部来的一击，你可以将剑举至头顶，使剑处于与地面完全平行的状态。

如何进行攻击

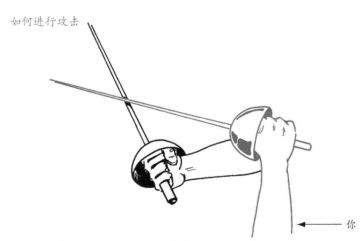

等待对手出现进攻失误。如果你能将对方的进攻偏转至另一侧，你的对手就会失去平衡。

如何进行攻击

❶上下或左右挥剑时，尽量动作平稳快速。

假设要使你的对手无法还击，这时你不能试着用你的剑去刺对方。"刺向对方"这个动作会让你失去平衡，也使你的剑离你太远了，最终会使你陷入束手无策的状态。

❷如果你高举着剑，并将剑尖甩过脑后，试图能够猛劈对方——那么这样的话你只会被对方刺穿肠子。

❸保持住架势，用挥击防御，动作要快。

❹等待对手出现进攻失误。

无论是正面迎击还是将对方的进攻引向另一侧，都会使你的对手失去平衡。而一旦对手失去了平衡，你就可以掌控局面并给出致命一击。记住，你应该以从上至下劈斩的方式，或者从一侧至另一侧横切的方式，而不要只用你的剑去刺对方。

如何接下一记老拳

对躯干的一击

❶ 收紧你腹部的肌肉。

对着你肚子（腹腔神经丛）来的一击不仅会对你的腹腔器官造成伤害，而且还很有可能致命。像这样用拳头猛击腹部是最好、最简单的击倒别人的方式。（哈里·胡迪尼的死因就是来自对他腹部的突然一击[①]）

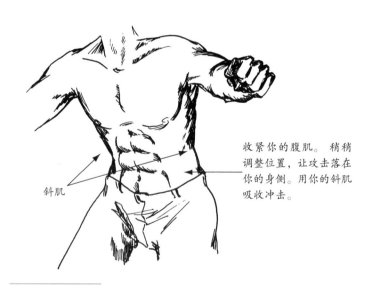

收紧你的腹肌。稍稍调整位置，让攻击落在你的身侧。用你的斜肌吸收冲击。

斜肌

[①] 关于著名逃脱魔术大师哈里·胡迪尼的死因有多种说法，文中提及的是较为常见的一种。——编注

❷除非你认为自己马上就会受到攻击，否则不要收紧你的腹肌。

❸如有可能，稍稍调整位置，让攻击落在你的身侧，但不要畏惧地躲开。

试着用你的斜肌来吸收这一击。斜肌是你身侧包围住肋骨的肌肉。虽然落到这里的攻击很可能损伤你的肋骨，但这很大程度上保护了你的腹腔器官。

对着头部的攻击

❶你应该向着攻击方向去，而不是躲开它。

当你的头部遭受攻击时，如果你向后移动，反而会使得你的头部承受攻击的全部力量。袭向面部的一拳可能会使大脑震荡，这就使得头颅内部的大脑在瞬间移动，而这

绷紧你颈部的肌肉和下颌，咬紧牙关。能最有效地吸收攻击力量的部位是你的额头部位。

用手臂挡开拳头

极有可能导致严重的损伤甚至死亡。

❷绷紧你颈部的肌肉，咬紧牙关，以避免上下两排牙齿狠狠地撞在一起。

直拳

❶对于一记直拳——也就是直接冲着你脸上来的一拳——如果你想要反击，方法是先向着出拳的那人移动。

这样做能够削弱攻击力度。

❷用额头部位能最有效地吸收攻击力量，且能使伤害最小化。

千万避免用你的鼻子接拳头，那样真的很疼。

❸准备好用你的手臂来挡开拳头。

如果你朝着挥拳者的方向前进，这可能就会使你的对手失去对身体两侧的攻击机会。

❹用一记上勾拳或大抡拳来进行反击吧。（可选）

大抡拳①

❶绷紧你下颌的肌肉。

如果力量作用在你的耳门，那不仅会非常痛，而且很

---

① 此处原文"a roundhouse punch"为美国俚语。大抡拳是一种命中头部，力量比直拳大得多的出拳方式。——编注

可能打碎你的下巴。

❷ 贴近你的对手。

试着让攻击在你的脑袋后面悄无声息地落空。

❸（可选）用上勾拳还击对手吧。

上勾拳

❶ 绷紧你颈部的肌肉，咬紧你的牙齿。

上勾拳会造成极大的伤害，使你的头部向后扭去，还能轻易地把你的下颌和鼻子打烂。

❷ 用你的手臂去阻挡一些力量，或者将其引向旁边——用一切方法使对下颌造成的伤害最小化。

❸ 不要对着这一拳挺身而出。

如有可能，你的头部可以向另一侧躲开。

❹ 向着对手的脸上打出一记直拳，或者你也对其来一记上勾拳。（可选）

第三章
信仰之跃

如何从桥上或悬崖边跳入河中

当你在紧急情况下迫不得已需要从高处（超过6米）跳入水里时，你肯定对周围的环境并不熟悉——具体来说就是水的深度。这就会使得跳入水里的行为变得极其危险。

如果你将从桥上跳进河里，或者其他有船只通行的水域，那么你可以试着落入航道区域——船只从桥下通行的深水区。通常情况下，它处于水域的中心位置，离岸边较远。

你应当远离那些有桥塔支撑桥梁的区域。在这些地方会堆积很多碎石，当你入水时极有可能被撞到。

当你浮上水面时，迅速地游到岸边。

如何起跳

❶ 脚尖向下。

❷ 使你的身体保持完全垂直。

❸ 并拢双脚。

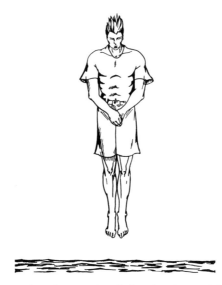

双脚向下，直立着跳下；将双脚并拢在一起；绷紧背部的同时护住胯部。

落入水中后，充分地伸展开你的四肢，并上下摆动，这样就会使你沉入水中的速度慢下来。

❹双脚入水，收紧臀部。

如果你不这么做的话，水会冲进你的身体，并造成严重的内伤。

❺用手护住你的胯部。

❻落入水中后，充分地伸展开你的四肢，并上下地摆动，以此形成缓冲，这样就会使你沉入水中的速度慢下来。

一定要有水的深度不够的意识。

注意!

- 如上述所说的方法跳进水里的话可以救你一命，虽然这也有可能让你的腿骨折。
- 如果你不是垂直落入水中，那你的背部在你入水的那一刻可能就骨折了。所以直到你落入水中之前你都应该保持垂直状态。
- 绝对不要尝试让你的头部先入水，除非你十分确信水至少有6米深。如果你的腿撞到了水底，那它们就骨折了。同理，如果你的头部撞到了水底，那你的头骨就碎裂了。

如何从楼上跳入垃圾堆中

怎么跳

❶垂直跳下。

如果你从楼上跳下的时候是倾斜着的，那么你落下的轨道将会使你错失跳入垃圾堆中的机会。对抗你自己的自然趋势，然后跳下来吧。

❷缩起你的头，蜷起四肢。

你需要在下降的时候做这些动作，以此完成270°转体——简单点来说，也就是个不完整的跟斗。这是能够使你正确地用后背着地的唯一方式。

❸瞄准垃圾堆的中心位置，或者是大箱子里装的垃圾。

❹背部着陆，这样的话当你身体蜷起来的时候，你的双手能够碰到你的双脚。

当你从特别高的地方掉落到地面上，你的身体会蜷成"V"字形。这也就意味着如果你是趴着下落的，你很可能会摔断后背。

1. 垂直跳下。
2. 缩起你的头，蜷起四肢，完成270° 转体。
3. 瞄准垃圾堆的中心，并以你的背部着地。

注意!

- 如果这栋楼有消防通道或其他向外凸起的空间，那么你必须离这些地方足够远，以避免下落过程中撞到它们。同时，你降落的目标也必须离它们足够远才行。

- 垃圾堆里很可能会有砖块或者其他"不友好"的东西。从高空落下（5层楼以上）时捡回一条命的前提是垃圾堆里是安全的垃圾（如果是硬纸板那再好不过），并且你的着陆方式正确。

如何在行驶中的列车顶上移动与进入车厢

❶ 不要尝试直挺挺地站立（不过你应该不太可能做得到）。

保持身体向前稍稍弯腰，身体迎风。如果列车的时速超过48千米/小时，那么保持平衡、抵挡强风对你来说都会格外困难。四肢并用地爬行也许是最好方式。

❷ 如果这辆列车将要转弯——平趴。可别尝试去站稳脚跟。

沿着车厢边缘可能会有排水槽。如果有的话，用手抓住它，抓稳了。

❸ 如果这辆列车将要进入隧道入口——平趴，动作要快。

虽然车顶和隧道口之间有一定的净高——约有0.9米——但这点高度不足以让你站起来。不要认为你可以在到达隧道之前走到或是爬到车厢尾，然后从车上下来并进入车内——这基本没可能。

❹ 配合列车的节奏摆动身体——左右摇摆并缓缓向前。

不要直线向前移动。将你的双脚分开约90厘米，而当你移动时，应左右摇摆地谨慎前行。

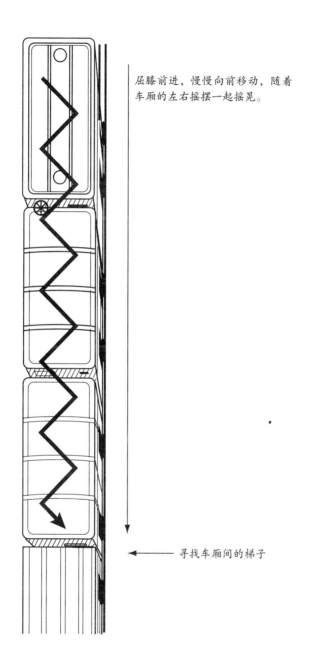

屈膝前进，慢慢向前移动，随着
车厢的左右摇摆一起摇晃。

寻找车厢间的梯子

❺寻找车厢尾部的梯子（在两节车厢之间）并爬下。

在车的侧面很可能没有什么梯子——它们通常只出现在电影中，让那些精彩的危险举动更加令人兴奋。

注意！

在货运车组中，车厢的大小和形状可能有很大的不同。这就可能使你在车厢间的穿行简单化，当然也可能变得极为困难。一节3.65米高的货车车厢可能连着一个平车，或者是圆顶的化工罐车。如果是圆顶罐车，你要做的应该是尽可能快地从车顶上下来，而不是危险地尝试跨过一节节罐车。

如何从行驶中的汽车上跳下

从行驶中的车上猛地跳下应该被视为一种万不得已的手段，比如汽车的刹车失灵，即将冲下悬崖或撞向一列火车的时候。

❶ 尝试采取紧急制动。

这可能不会使车停下，但是可能会使车速降到足够安全跳车的水平。

❷ 打开车门。

❸ 确认你将以一定角度跳下，从而避开车辆的前进路线。

由于你的身体会以和车辆相同的速度继续前进，跳车后你将会沿着车辆相同的方向继续运动。如果汽车是在直线前进的话，试图以一定的角度跳下车辆，避免被卷进车下。

❹ 抱头，收紧双臂和双腿。

❺ 寻找一个比较软的着陆地点：草地、灌木丛、锯木屑或者除了石子路以外的其他地面——也要避开树木。

特技演员一般穿着护具，在沙坑中着陆。你可不会有这么豪华的待遇，但是落地的时候身下所垫的任何东西都可以用来减少对身体的伤害。

❻ 在落地后继续向前滚动。

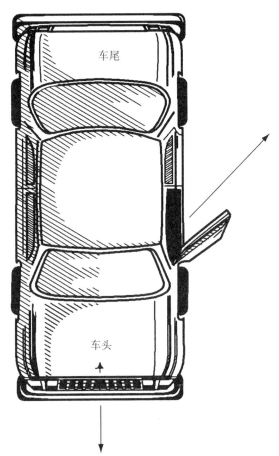

在你拉动紧急刹车之后，汽车将会减速，此时打开车门，
沿着车辆与前进方向相反的一个角度跳出汽车。

如何从摩托车上跳到汽车里

如果你打算从窗户里闯进一辆车的话，要知道很多的新款车只有前排窗户是可以将全部玻璃摇下的。你应该尝试从前排副驾驶位置的窗户闯入汽车。

❶戴一顶质量比较好的头盔，穿上皮夹克、皮裤子以及靴子。

❷确保两辆车以相同的速度行驶。

速度越慢，这个动作就越安全。任何物品在速度超过96.5千米/小时的时候都会变得非常危险。

❸等待一段比较长的直路。

❹两辆车要尽可能地靠近对方。

你将会出现在副驾驶一侧，因此你会很接近公路的边缘，小心不要急转方向。

❺采取蹲姿站立在摩托车的脚踏板或是座椅上。

❻不到最后一刻，绝不要松开油门。

一定要记住，一旦你松开了油门，摩托车速将会立刻降低。

❼如果汽车里面有把手（车门上方的那种）的话，用空闲的手去抓住它。

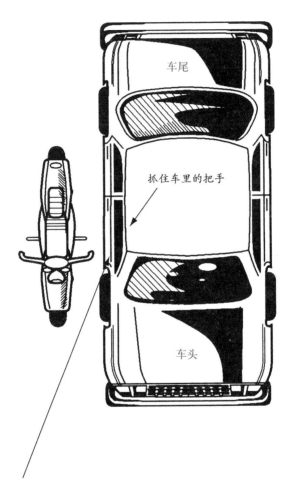

车尾

抓住车里的把手

车头

试图从前排副驾驶位置的窗户跳进车内。

确认玻璃已经完全摇下，并与车辆保持相同速度，尽量地接近。

如果没有的话，只需要抓住时机，使身体完全地落进车里，如果车里能有个人抓住你，把你拽进去的话就更好了。

❽ 当你进入汽车之后，让司机立刻改变方向，立刻离开摩托车。

一旦你松开了摩托车的车把手，摩托车将会失去控制并撞毁，甚至可能被卷入右边车轮之下。

❾ 如果你没能爬进车窗，请蜷起身体然后从车上滚落下来（参见87页如何从车上跳下来的方法）。

注意！

如果摩托车上有第二个人的话，完成这个动作会相对简单。这样，不需要跳进车里的那个人就可以继续驾驶摩托车。

电影和特技表演中，这些跳车的人一般都是以较低的速度来进行表演的，而且大部分的表演都在摩托车或是汽车的一侧安装了金属踏板，在驾驶者试图保持摩托车平衡的时候提供了一个立足点。但你可碰不上这么好的机会。

第四章
紧急救护

如何实施一次气管切开术

从技术角度来说，这个过程应该叫作"环甲膜切开术"，而它应当只被用于一种情况：只有当一个人喉咙阻塞，完全不能呼吸——没有喘气，没有咳嗽——而且你也尝试了三次海姆利希急救法[1]，但并没有取出阻塞物的时候。如有可能，进行手术时应及时向医护人员求助。

你会用到什么

- 一个急救箱，如果有话。
- 一片刀片，或是锋利的刀也可以。
- 一根（两根更好）吸管，或者将一支圆珠笔的笔芯（装墨的那一段）取出。

如果你手边既没有吸管，也没有圆珠笔，那就用硬纸片或者纸板卷成管状。比较齐全的急救箱应该配备有气管导管。

情况紧急，所以并没有什么时间可供你为器械消毒，这个就不用在意了；在这种紧要关头，最不值得一提的事

---

[1] 海姆利希急救法是一种清除上呼吸道异物阻塞的急救方法。具体操作为：施救者站在病人背后，双臂环抱病人腰部；一手握拳，将拳头的拇指一侧放在病人腹部（肚脐稍上）；另一手握住握拳之手，双手急速用力向里向上压迫腹部；重复以上手法直至异物排出。——译注

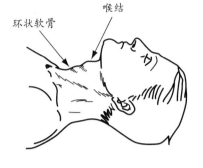

喉结

环状软骨

寻找喉结和环状软骨之间的凹陷部位。

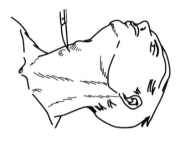

切开一个1厘米的水平切口，约1厘米深。

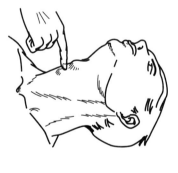

用手指捏切口，或者将手指插入切口来扩张。

将管道插入切口，深度为1厘米至2.5厘米。

情就是感染。

如何实施手术

❶找到病人的喉结（甲状软骨）。

❷将手指顺着颈部向下移动2.5厘米左右，直到你找到另一凸起部位。

这即是环甲软骨。在这两者之间的凹陷部位即为环甲膜，我们将在这里作切口。

❸用刀片或者小刀切一个1厘米的水平切口。

切口深度约为1厘米。这样不太会流太多的血。

❹用手指捏切口使它张开，或者用手指插入切口来扩张。

❺将导管插入切口，深度为1～2.5厘米。

❻向导管内快速送气两次。

停顿5秒，然后每5秒送气一次。

❼如果你正确地实施了手术，病人的胸部将会有起落，并且恢复意识。

虽然可能仍有些困难，但在这之后他就能够自行呼吸。此后应静待救援。

如何使用除颤器来恢复心跳

除颤是一种将强大的电击传导至心脏以终止心室颤动的过程。（而除颤仪就是在电影和电视中所能看到的那种设备：有着贴在患者胸部上的两个手持电极板，同时旁边的一个演员会高喊着"让开！"）在过去，除颤器还是很笨重、很昂贵而且需要定期检修的设备，只有在医院里才能见到。而现在已经有了更多的便携式的除颤器可以选择。除颤器应该只被用于心搏骤停发生的情况下，这是一种不能被心肺复苏术所解决的心电问题。

如何使用除颤器

❶ 按下绿色按钮，打开除颤器。

大部分的机器会有图像和语音两种提示。

❷ 首先除去病人的上衣和首饰，然后将电极板按照机器上的液晶屏显示的示意图上的位置贴在病人胸前。

其中一个电极板应贴在右前胸上方，而另一个应贴在左前胸下方。

将其中的一个电极板贴在胸前右上角，
另一个贴在左下角。

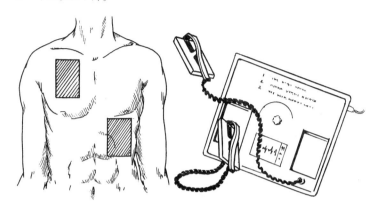

❸将电极板的插头插进机器。

除颤器会自动分析患者的情况，然后判断是否需要电击，这时候不要触碰患者。

❹如果机器判断需要电击，它将会指引你——通过语音和显示两种方式——按下橘色的按钮来释放电击。

按下按钮之后，不要碰触患者，机器会自动分析是否有必要进行第二次电击。如果有必要的话，机器将会引导你再次按下橘色的按钮。

❺检查患者的呼吸道，是否有呼吸和脉搏。

如果患者有脉搏，却没有呼吸的话，就要立即开始进行口对口人工呼吸。如果没有脉搏，则须重复进行除颤的操作。

注意!

除颤器只应被用于心搏骤停的患者。这个情况下的患者，心脏的电信号处于一种混乱的状态，导致心脏失去了正常的功能。人在心搏骤停时会停止呼吸，脉搏减慢或停止，同时失去意识。

如何识别一枚炸弹

邮件炸弹和包裹炸弹极其危险，又具有巨大破坏性。然而它们并不会在没有任何迹象的情况下就突然爆炸，所以这就给了我们及时发现它们的机会。你可以根据下列步骤和警告信息识别它们。

如何认出邮件炸弹

❶ 如果有人投递一个极为庞大的信件或是包裹，那么在不对其施加压力的情况下估测它是否有块状物、膨胀物，或者凸出物。

你需要检查质量不均匀、不平衡的包裹。

❷ 手写地址和不常见的公司标签——这两样都存在着一定的嫌疑。

查一查这家公司是否真实存在，并询问是否有人投递了这个包裹。

❸ 注意那些用细绳缠绕的包裹——现代包装材料早已淘汰掉细绳或麻线了。

❹ 特别注意那些邮费超资的小包裹或信件——因为这说明该物品没有被邮政局过秤。

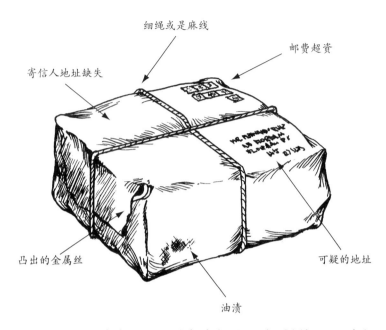

细绳或是麻线

邮费超资

寄信人地址缺失

凸出的金属丝

可疑的地址

油渍

在美国,用邮箱已经无法邮寄超过16盎司(约453.6克)的包裹了，这些包裹必须在邮政局寄送。

❺警惕包裹外部的液体泄漏、污点（尤其是油渍）、凸出的金属丝，或是外部过度缠绕的胶带。

❻警惕那些寄件人地址缺失或是非常奇怪的包裹。

如何搜寻炸弹

政府机构对炸弹和其他爆炸物设立了清晰明确的搜索程序。受到炸弹威胁时，下述内容作为搜索室内炸弹的指导，适用于两人搜寻小组的行动。

❶划分区域，并设定一个搜索高度。

第一次的搜索范围应包括放置在地上的所有物品，所有不高于家具的物品都应被包括在内，搜索之后就应将它们搬出。

❷背对背地进行搜索，以相反的方向检查整个房间，并朝对方移动。

❸沿着墙边搜索，以同心圆的模式向房间中心移动。

❹如果你找到任何可疑的包裹或装置，不要碰它，马上呼叫防爆小组。

探测设备

有很多种设备和方法用来探测炸弹，包括金属检测器和蒸汽检测器，同时也包括了X光机。这些仪器大多便于携带，对个人购买来说也算得上便宜。

微粒炸药探测器

- 可检测现代塑胶炸药的成分以及三硝基甲苯（TNT）和硝酸甘油（NG）。

- 可检测黑索金（RDX，一般用于C4、PE4、SX2、塞姆汀炸药、Demex和Detasheet等炸药）、三硝基甲苯和硝酸甘油。

- 通过离子迁移谱（ion mobility spectroscopy，IMS）来检测爆炸物中的微米级颗粒。1毫微克的样品量就足以测出。

- 使用时，需要用取样的毛巾或棉手套来擦拭嫌疑物品。分析时间约有3秒。可视化显示包含一个红色警告灯和一个液晶显示器，以图示方式呈现出对目标物品测定的相对数值评定结果。它可以根据用户事先定义的阈值触发警报。
- 需要使用交流电源或电池。
- 尺寸约为38厘米×30厘米×12厘米。

便携式X射线系统

- 使用偏光胶片暗盒和信息处理器来拍摄小包或包裹详细的X光照片。
- 需要使用交流电源或是蓄电池。
- 使用时，只需简单地使用仪器照射嫌疑物品，然后通过数据处理器观察胶片上显示的图像。

炸弹探测喷雾剂

这种便携式喷雾剂能配合层合试纸来检测爆炸物——包括塑胶炸药和传统TNT——不论是残留在包裹上、手上，还是指纹上。测试套件包括试纸和两个喷雾罐（E和X）。

首先，用试纸擦拭所需测试的物体表面（公文包，手提箱等），然后用E罐喷试纸上擦拭过的部位。如果检测到了TNT，试纸就会变成紫色。如果试纸没什么反应，那么再用X罐喷。如果立刻就显出了粉色，则说明里面含有塑胶炸药。

Expray牌炸弹探测喷雾剂也可以直接喷在在纸上和包裹上。程序和结果与上述并无二样。

炸弹范围探测器

这种无线电控制的检测器通常会安装在汽车内。

这台设备会自动扫描并在全频段发射干扰，有效范围为半径1千米的圆形区域。当一个由无线电控制的爆炸物处于该地区中，这些设备就会干扰它，使它失去威胁。

注意！

所有的炸弹专家都强调说，当我们应对这些爆炸物时，首先要做的应当是立刻跑开。如果你想要从爆炸中生存下来，最好的方式应该是仰仗防爆小组，而不是上述任何一种探测器。

如何在出租车上分娩

在实在迫不得已必须选择在出租车里分娩前，你还是应该试着尽快赶到医院去。事实上并没有什么确切的方法知道小婴儿什么时候才会出世，所以即使你觉得没时间去医院了，但说不定还是留有足够时间的。甚至"破水"都不能作为判定胎儿就会马上出生的依据。这些液体实际上就是羊水和羊膜，胎儿就在这里面漂浮。胎儿很可能在母亲破水几小时后才会被分娩出来。不过，如果你出门时间太晚，或者被堵在半路上的话，你就有可能需要凭借自己的力量生孩子，而下面就是一些基本概念。

❶ 测算子宫收缩时间。

对于第一次当妈妈的女性来说，当宫缩时间间隔为3～5分钟、持续时间为40～90秒——并且强度越来越强，次数逐渐增多——而这个过程至少持续1小时的时候，那么这很可能就是分娩前的产前阵痛了，而不是"虚假情报"（当然也有可能是）。婴儿通常会自己脱离母体，但不会在没有准备好的情况下就从子宫中脱离。你需要准备一条清洁的干毛巾，干净的衬衫，或者别的类似物品。

❷ 当胎儿从子宫中娩出时，他的头部——身体最大

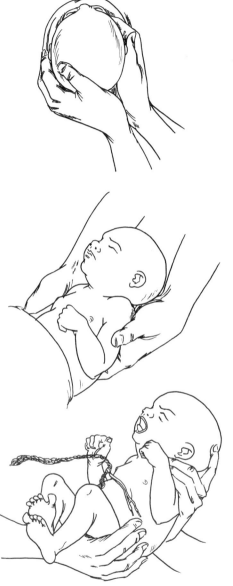

当胎儿通过产道时，扶住胎儿的头来引导他出来。

胎儿娩出后，需要用手托住他。不要为了让婴儿哭而拍击他的后背；娩出后，婴儿会自行呼吸。

在擦干净婴儿后，用鞋带或一小段细绳系住婴儿的脐带。将产妇送至医院之前不要动脐带。

的一部分——将会撑开子宫颈，使得身体剩下的部分能够通过。

（如果是双脚先娩出，请参照下一页）当胎儿通过产道，并离开母体之后，需要先托住婴儿的头部，再托住身体的剩余部分。

❸把脱离母体的婴儿擦干，并为其保持体温。

不要为了让婴儿哭而拍击他的后背；娩出后，婴儿会自行地呼吸。如有必要，用你的手指擦拭小婴儿嘴里流出来的液体。

❹系住脐带。

用一小段绳子——当然用鞋带也行——在离婴儿几厘米的脐带位置上打结。

❺你并不需要剪断脐带，除非你距离医院还有好几小时的路程。

在那样的情况下，你可以在距离产妇几厘米的脐带位置上也打一个结，然后将两个结之间的部分剪断，这样就能安全地剪断脐带。在抵达医院之前不要动脐带。婴儿身上连着的那一段脐带会自行脱落。胎盘会在接下来的3分钟或至多30分钟内娩出。

若是婴儿的脚先娩出的情况

在怀孕过程中最常见的复杂情况就是胎儿处于臀位，或者是胎儿分娩时双脚先出子宫，而不是头部。由于头部是婴儿身体的最大的一部分，所以如果是脚部先娩出，那么子宫颈可能就没有获得足够的扩张，婴儿头部的娩出就会变得很危险。现如今，大部分臀位分娩都是通过剖腹产手术解决的，而这些手术程序是你没办法亲自实施的。如果在你万不得已婴儿马上要出生的情况下，实在没有别的选择（没有医院、没有医生，也没有助产士帮你），你可以试着先娩出婴儿的双足。臀位分娩并不一定就代表着婴儿的头部没办法通过子宫颈，这仅仅是在一定程度上加大了其发生率。请按照前述方式来接生孩子。

如何处理冻伤

冻伤是一种在严寒天气下可能会出现的情况，通常是由皮肤里的水分子冻结造成的。冻伤的特征是皮肤变得坚硬、苍白如蜡，并且失去知觉。更严重的情况是皮肤变成蓝黑色，最严重的情况是肌肉组织遭到破坏，甚至需要截肢。一般容易冻伤的部位是手指尖、脚趾、鼻子、耳朵以及脸颊。通常情况下，你应当寻求医生的帮助来治疗冻伤。然而一旦遇到紧急情况下的冻伤，请遵循下列指示。

❶脱掉湿衣物，用温暖、干燥的衣物覆盖冻伤部位。

❷将冻伤部位浸入温水（37.7～40.5℃）中或者热敷10～30分钟。

❸如果没有温水可以用，那就轻轻地用温暖的毯子裹住。

❹避免直接受热，包括使用电取暖器、煤气取暖器、取暖电毯以及热水袋。

❺千万不要因为处于冻伤的危险之中而试着去融化那块皮肤，因为这很有可能破坏身体组织。

❻不要揉擦冻伤的皮肤，也不要用雪在皮肤上揉搓。

❼在恢复温度的过程中，可以服用阿司匹林、布洛芬

等止痛药以缓解疼痛症状。

在皮肤复温的过程中，会伴随有严重的灼烧感。可能出现皮肤水泡，软组织肿胀，皮肤呈红、蓝、紫色等情况。当皮肤呈粉红色并且恢复知觉时，这部分皮肤就解冻了。

❽将受冻部位覆盖上无菌敷料。

如果手指和脚趾受冻，那就需要将敷料置于皮肤之间。不要碰到水泡，并将复温的皮肤盖起来，以防再次受冻。让病人尽量尝试不要触碰受冻皮肤。

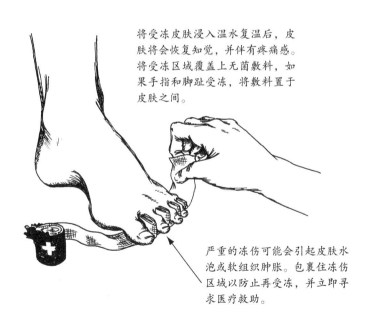

将受冻皮肤浸入温水复温后，皮肤将会恢复知觉，并伴有疼痛感。将受冻区域覆盖上无菌敷料，如果手指和脚趾受冻，将敷料置于皮肤之间。

严重的冻伤可能会引起皮肤水泡或软组织肿胀。包裹住冻伤区域以防止再受冻，并立即寻求医疗救助。

如何处理冻结伤

冻结伤是冻伤的前兆。冻结伤的特征是出现麻木感，受冻皮肤变得苍白。这在家里就能安全地治疗。

❶脱掉湿衣物。

❷将受冻部位浸入温水（37.7～40.5℃）中。

❸不要让病人控制水温——麻木部位感受不到温度，所以可能导致烫伤。

❹在皮肤呈现粉红色，知觉恢复之前不要中断治疗。

如何预防冻伤和冻结伤

- 在寒冷天气，注意防寒保暖。
- 穿多层保暖的衣服，戴好口罩。
- 戴连指手套而不是分指手套。保护好你的耳朵。
- 在寒冷天气里尽可能时不时地活动身体以取暖。

如何处理腿骨骨折

大多数的腿部受伤都只是扭伤，但处理腿部的扭伤和骨折的方式是相同的。

❶ 如果皮肤出现破损，不要碰伤口，也不要在伤口上覆盖任何东西。

你的首要任务是防止感染。如果伤口流血不止，试着用无菌绷带或干净的衣物按压伤口部位来止血。

❷ 不要移动伤腿——你需要用夹板固定伤口，以稳定受伤部位。

❸ 找两条长度相同的硬物——木板、塑料制品，或者是叠好的硬纸板——当作夹板使用。

❹ 在受伤部位的上方和下方各放上一块夹板——其中一块放在腿下（若是移动伤腿太痛苦，那么可以将夹板放置在腿的两侧）。

❺ 用细绳、粗绳甚至皮带——什么都行，总之固定住夹板。

或者将衣物拧成绳状也可以。需要确保的是夹板长度要超过受伤部位的范围。

❻ 不要把夹板固定得太死，否则会阻碍血液循环。其宽松程度应容纳将一根手指垫在细绳、粗绳、皮带或者布料下

不要移动伤腿。

找两条长度相同的硬物——木板、塑料制
品，或者是叠好的硬纸板。

在受伤部位的上方和下方各
放上一块夹板。

用细绳、粗绳甚至皮带——什么都行，
总之固定住夹板。

不要把夹板固定得太死，否则会阻碍血液循环。为了避免系得太紧，系时
宽松程度应容纳将一根手指垫在细绳、粗绳、皮带或者布料下面。

面。若固定部位被勒得发白，那就将绳子松开一些。

❼让伤者仰面躺平。

这会有助于血液循环，防止病人休克。

骨折、扭伤、脱臼的症状表现

- 移动艰难、关节活动范围受到限制
- 出现肿胀
- 受伤部位有瘀青
- 剧烈疼痛
- 知觉麻木
- 大量出血
- 透过皮肤可以看到骨头断裂的情形

需要避免什么

- 不要挤压伤处、对伤处用探针探查，或者试着清洗伤口，否则可能会导致感染。
- 除非万不得已，不要移动伤者。简单治疗一下骨折，然后寻求帮助。
- 若需要移动伤者，请先确保伤处已完全固定。
- 不要抬高伤腿。
- 不要尝试移动或重新接上断骨，这会给伤者带来极大的疼痛，并且会使伤情复杂化。

如何处理枪伤或刀伤

❶ 不要立刻将刺入身体中的物体拔出。

这里指的是子弹、弓箭、小刀、枝条，以及其他会造成贯穿伤的物体。当它们停留在身体的重要部分（比如躯干、血管附近或动脉）中时，盲目地拔出它们将会造成大出血，而且难以控制。刺入身体的物体很有可能挤压在动脉或其他重要的体内组织上，从而减少了出血。

❷ 通过直接按压、抬高肢体、按压出血点和捆绑止血带的步骤来止血。

直接按压。你可以通过按压伤口的方式来控制大部分的出血。试着直接按压出血表面——例如头皮有鲜血喷涌而出的时候。用手指尖来按压头皮伤口的边缘，压在头皮下的骨头上。与用手掌面施加更大的受力面的方式相比，还是前者更有效。用指尖来控制出血的小动脉。

尝试直接按压出血面。对于头皮的伤口，
使用指尖按压会比手掌按压更有效。
试着加快血液凝固。

———— 按压小动脉

如果伤口在四肢上，按压以控制出血，并抬起病人肢体。包扎伤口，
尽量阻止伤口感染。

　　抬高肢体。当四肢受伤的时候，将它抬起至高于心脏的位置并按压，以减缓出血。但切勿仅仅为了抬高出血中的伤口而让休克中的病人坐起。

　　按压出血点。为了减少出血，你通常需要在伤口附近（在你能摸到脉搏的位置）按压动脉，将血管按压至贴在皮下的骨骼上。只是按压着柔软的肌肉部分，并不能止血。

　　捆绑止血带。止血带是一种较宽的布料或带状物，用于紧束四肢（通常会和绞盘一起使用），直到压迫血管阻止流血。血液的流动可以在肢体内比较长的骨头的位置（比如上臂或大腿）上被截断，因为小腿和前臂里的骨头是由两根组成，血管正好位于两骨之间，捆绑止血带起不到压迫血管的作用。止血带的压迫无可避免会造成额外的血管和神经的永久性损伤。止血带应当是万不得已的选择——为了救人一命，可能会牺牲他的一条腿或一条手臂。

❸固定受伤部位。

用夹板和敷料来固定受伤部位，以防止进一步的损伤，维持住那些正在凝结的血块。即使认为完全没有伤及骨头或关节，固定也有助于血液凝固和伤口愈合。

❹包扎伤口，尽量防止伤口感染。

尽可能多地使用无菌（或者至少是干净的）敷料。穿透伤很容易使厌氧菌深入身体组织。这也是为什么在外科手术中，需要用无菌或抗菌溶液来清洗穿透伤。然而对于不在医院治疗的情况，这就显得不太实际，你要记住的是，对于小型穿透伤（脚上扎了钉子之类的）应适当流血以"冲洗"杂质。将受伤部位浸泡在过氧化氢溶液中也有助于杀死厌氧菌。不要在伤口上涂软膏或别的黏性物质，因为这些都会引起伤口感染。

紧急情况下的小提示

有部分数据表明将纯净的砂糖倒进穿透伤的伤口中可减少出血情况，促进伤口愈合，有助于抑制细菌。在急诊室中你可能不会看到这样的处理手法，但若情况迫切，你也可以将它作为你的备选。

❺尽快取得医疗救援。

注意！

需要提醒的是，止血带其实并不是万能的——以上述方式无法提供治疗，并且危及生命的四肢出血情况是极为少见的。大量出血的部位（例如股动脉或腹腔内出血）并不一定必须使用止血带。即使是最严重的截肢情况也不会出那么多的血，并且可以用按压止血。部分损伤的动脉的出血情况一般会比完全损伤的动脉更严重。

第五章
冒险求生

如何驾驶一架飞机安全着陆

以下说明适用于小型客机以及小型喷气式飞机（不包括商务班机）。

❶ 如果飞机只有一套控制系统，那么首先将飞行员以拖、拉、搬、拽等手段从驾驶席移开。

❷ 顶上驾驶员的缺，坐上驾驶席。

❸ 戴上无线电耳机（如果有的话）。

使用机载电台来求救——在飞机的操纵杆（相当于飞机的方向盘）上会有一个控制按钮，或是在仪表盘上悬挂有像是市民波段电台上用的那种对讲机话筒。按下按钮来对讲，松开按钮以收听。呼喊"Mayday！ Mayday！"然后交代清楚自己现在的状况、飞行的目的地以及飞机的呼号，呼号一般印在仪表盘的最顶端。

❹ 如果没有人回应你的话，在紧急频道上重复以上过程——将电台调谐至121.5MHz。

所有的电台都是不同的，但调谐都是一个最基本的操作。电波另一端的应答人员会告诉你正确的着陆程序。谨慎仔细地遵从对方的指示。若没有人能够指示你正确的着陆程序，你就不得不独自操作了。

❺ 确认飞行方向并认清操纵系统。

先环顾四周。飞机是否在平飞？除非飞机是刚刚起飞或是准备降落的状态，否则它应当保持相对直线飞行。

飞机操纵杆。也就是飞机的方向盘，应当处于你的前方。它能够使飞机改变前进方向，并控制其俯仰角。向后拉操纵杆就可以使飞机仰起机头，向前推就可以使飞机俯下机头。带动控制杆向左，飞机方向也会向左改变；向右的话，飞机也会向右。飞机操纵杆极为灵敏——只是几厘米的移动也会使飞机改变飞行方向。当飞机处于巡航状态下，机首应低于水平线下方约7厘米。

高度计。这是飞行中最重要的设备，或者至少是最基础的设备。它是位于仪表盘正中央的一个用来指示当前高度的红色表盘：小的表针指示着以海平面为基准的高度，计量单位是1000英尺（304.8米）；而大的表针是以100英尺（30.48米）计量。

航向指示。这实际上是一只罗盘，也是唯一的一个会在仪表中央显示着小飞机图案的仪表设备。小飞机图案的机首指向的是当前飞行的方向。

空速计。这是一只位于仪表盘左上方的表盘。它一般以"节"作为计量单位，虽然有时候也会以"英里/小时"为单位。一架小型飞机在巡航时的空速应约为120节（1节约等于1.15英里/小时，1.85千米/小时），而在空中的任

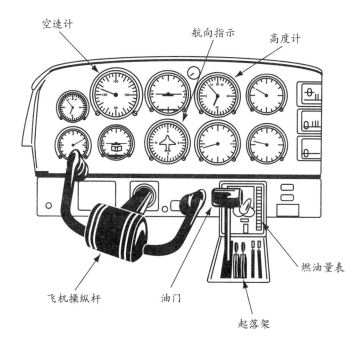

空速计　　　　　　航向指示　　高度计

飞机操纵杆　　　　油门

燃油量表

起落架

何低于70节的飞行器都会面临失速的危险。

　　油门。油门控制着空速（输出功率）和机首指向——或者说机首与水平面的相对关系。它是一个安装在座椅间的操纵杆，而且肯定是黑色的。将它拉向你的方向将使飞机减速，并且下降高度。而将它向前推开将使飞机加速，高度上升。发动机的声音高低变化可以用来判断推动油门的方向。

　　燃油量表。燃油量表一般位于仪表盘的下半部分，如果飞行员遵守了美国联邦航空管理局（FAA）规程，那么机上应该准备了足够飞行至原定目的地的燃料，并且可以支持飞机额外飞行半小时。有些飞机还在主油箱之外安装有副油箱，但是你并不需要去考虑如何切换油箱的问题。

襟翼。因为襟翼的复杂程度，操纵襟翼会使飞机变得难以控制，所以请使用油门来控制空速，而不是使用襟翼。

❻ 开始下降。

将油门杆向后拉以减速，将功率减到约为巡航速度的1/4。飞机减速的时候，机首会下沉。为了下降高度，机首应该大概在水平线下约10厘米左右的位置。

❼ 放下起落架。

这取决于这架飞机的起落架是固定式的还是可收回式的。固定式的起落架一直是处于放下的状态，所以你不用管它。而如果是可收回式的起落架，在靠近油门一边的座椅和油门中间将会有另一支控制杆，上面有一个轮胎形状的把手。如果是水上迫降的话，请保持起落架处于收回状态。

❽ 寻找适合的着陆地点。

如果你找不到任何机场的话，在地面上找到一片平地以准备迫降，1.6千米长的平地之类的当然是最理想的，但是除非你是在美国中西部，否则很难找到这么长的空地。其实飞机也可以在更短一点的泥土地面上着陆。所以千万别把时间浪费在寻找"最佳的"着陆地点——那种地方根本不存在。如果可选的地面比较少的话，坑洼的地形也是可以的。

❾ 平行于选择好的"跑道"飞行，使得当高度计上显示高度为1000英尺（304.8米）时，跑道出现在右侧翼尖。

理想下的情况，你应该驾机绕场盘旋一周来确认是否在场地上存在障碍物。在燃油充分的情况下，你可能会想要这样确认一下。绕场盘旋，在上空画一个大大的长方形，然后再次进近场地。

❿ 在进近跑道的过程中，向后拉油门杆以减小功率。

注意不要使机首下沉至水平线下15厘米以下。

⓫ 当飞行至跑道正上方时，飞机应该距离地面约30米高，起落架的后轮应该先触及地面。

飞机应以89～105千米/小时的速度失速，你应该使飞机正好减至失速速度的同时后轮触及地面。

⓬ 将油门拉至最低，保证机头不要大幅地下沉。

缓缓地向后拉杆，使飞机缓慢地着地。

⓭ 根据需要来使用地板上安装的脚踏板引导并将飞机停住。

在地面上滑行时，操纵杆基本上失去了作用。脚踏板的上半部分是刹车，而下半部分则控制机鼻轮方向。首先将注意力集中在踏板下半部分，踩右边的踏板将使飞机向右滑行，而踩左边的踏板则会向左滑行。控制好你的滑行速度，适当的减速可以使你的生存概率呈指数提高，当滑行速度从193千米/小时降至112千米/小时时，你的生存概率将提升3倍。

注意!

- 在复杂地形上执行一次成功的迫降也要比在良好的地形上进行的无控制的降落安全得多。
- 如果飞机直接冲向了树林，试着从它们中间穿过，让机翼吸收掉大部分的撞击。
- 当飞机最终停下来的时候，立刻离开飞机，逃得越远越好——千万别忘了带上飞行员一起走。

如何在一场地震中幸存

❶如果你在室内，就千万别出去！

躲到书桌或饭桌下面并抓紧桌腿，或者躲到门边，稍微差一点的好地方是门廊里或者内墙边。不要靠近窗户、壁炉、大型家具或者家用电器。不要在厨房里躲着，那里太危险了。不要下楼或者冲到室外去，这个时候外面所有的建筑都在震动，你极有可能被外面掉落的玻璃或瓦砾砸伤。

❷如果你在室外，就躲到开阔地带去，离那些高楼、电线、烟囱一类的可能砸伤你的物体远一点。

❸如果你在开车，就把车停下，但要小心。

把车开出车流，越远越好。不要把车停在桥上或桥下（包括立交桥）以及树木、灯杆、电线或者路标的下面等位置。地震停止之前不要下车。重新发动汽车时，要注意路面的断裂、上方的落石以及引桥的隆起。

❹如果你在山区，当心落石、山体滑坡、树木以及其他可能因地震而砸到你身上的碎块。

❺地震停止之后，检查伤情并涂抹一些必要的急救药品或寻求帮助。

可以躲避和必须避开的地方

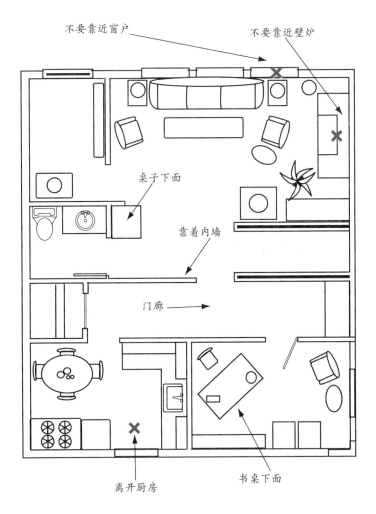

不要靠近窗户

不要靠近壁炉

桌子下面

靠着内墙

门廊

离开厨房

书桌下面

不要尝试移动严重受伤的人，除非他们有再次受伤的危险。给他们盖上毯子，同时寻求进一步的医疗帮助。

❻ 如果可以，穿上一双坚硬的厚底鞋（以便在玻璃、碎片等物体上行走）。

❼ 检查隐患。

- 立刻灭掉你自己家里或者你邻居家里的火。
- 燃气泄漏：当你发现出现管道破损或闻到气味时，要立刻关掉总阀门。不要用火柴、打火机、野营用手炉、烧烤架、电子仪器或者家电，直到你确定燃气已经不再泄漏为止。上述物品都可能制造出足以引起火灾或爆炸的火花。如果你关了气阀，就不要自己打开它了——让燃气公司来吧。
- 损毁的电线：如果房子里的线路有危险，立刻拉掉控制箱里的总电闸。
- 坠落或受损的电缆：不要去碰这些下垂的电线或任何与这些电线相接触的物体。
- 洒出物：清理干净所有洒出来的药物，或者其他有害的物质，比如漂白剂、碱液和燃气等。
- 倒塌或受损的烟囱：时刻加以防备，同时不要使用这个烟囱（否则可能会引起火灾或者导致火焰产生的废气排回室内）。
- 坠落物：当打开壁橱或碗橱的时候，要留心架子上面歪歪斜斜的物品。

❽检查食物和饮用水储备。

不要吃或者喝碎玻璃旁边的容器所盛的东西。如果停电了，做饭时要记得用光冷冻食物或易变质的食物。冰箱里要有可以坚持好几天的食物储备。如果停水了，可以从热水器、融化的冰块，或者蔬菜罐头里摄取水分。别喝桑拿房或者游泳池里的水。

❾当心余震。

或大或小的余震有可能接踵而至。

注意!

- 只有在请求医疗救援或火灾急救时才用你的电话——这样你就可以在需要应急反应时得到帮助。如果电话没法用了，要转向他人寻求帮助。
- 不要寄希望于消防员、警察、急救人员会立刻赶来帮助你。他们可能在忙。

如何准备

对地震有充足准备会让你有更大的概率存活下来。确保每一位家庭成员都能知道，无论何时发生地震都应该做些什么：

- 建造一个可以在随后碰头的场所。

- 弄清楚你的孩子所在的学校或托儿所的地震逃生预案。
- 交通运输可能会瘫痪，所以要确保紧急储备始终可用，比如食物、液体、舒适的鞋。
- 了解你家中的燃气、自来水和电力的总闸位置，以便在出现泄漏或损毁时及时关闭。确保家中年龄最大长的成员可以关闭电闸。
- 定位距离你最近的消防站和警察局以及紧急医疗设备。
- 与你的邻居保持联系——你可以在地震发生时多救一个。
- 学习红十字会的急救和心肺复苏课程。

如何在海上漂流中幸存

❶ 在登上救生筏之前尽量待在船上。

在一场海上紧急事故中，经验法则告诉我们求生者必须靠近救生筏，这也就意味着在爬上救生筏之前水只淹到你的腰部。对于你来说，最好的求生位置是在船上——哪怕是一艘无法驾驶的船——而不是救生筏上。但如果船沉了，你就必须知道如何使用救生筏。任何一艘在水中航行的船（超过4.3米）至少会配备一艘救生筏。更小一些的船只可能只配备有救生衣，所以这些船只的航行范围应仅限于能使人较轻松地游回岸上的距离之内。

❷ 登上救生筏，最好携带上一切你能带上的补给。

最重要的一点在于，如果你的水壶中有水，那就带上它。别喝海水。在海上，如果没有食物你还能生存几天，但如果没有饮用水，几天内就可能死亡。在万不得已的时候，你需要把水壶扔下船，在一段时间之后你还可以再拿到它——它会漂上来的。

许多罐装食品——特别是罐装蔬菜——会将食物泡在水中保存，所以可以的话也顺手拿一些吧。你不用定量配给每日的饮水，在需要的时候喝水，但别过度——如果你

这些物品可以帮助你发出求救信号

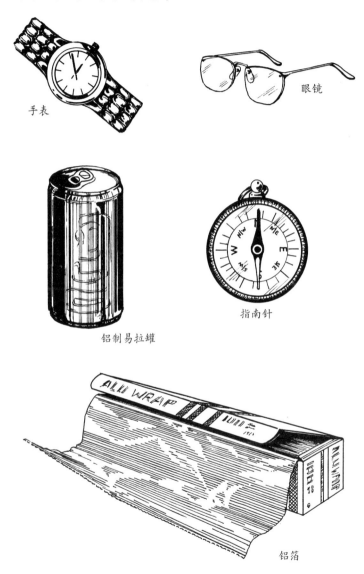

手表

眼镜

铝制易拉罐

指南针

铝箔

的活动有限，那么一天喝2升左右的水就足够了。

❸ 如果你处于冰冷的水里或天气十分寒冷，想办法暖和起来。

比起别的死因，你更有可能是死于身体暴露于低温环境中，或是体温过低。

穿上你的干衣服，并且离开水面。长时间浸泡在盐水中会伤害你的皮肤，引起病变，并使你变得容易被感染。

待在遮蔽物下。现代救生筏都有遮棚，使船上的人免于日晒、风吹和雨淋。一旦遮棚丢失或损坏，你可以戴上帽子，或者穿上长袖的衣服和长裤来防晒。

❹ 如果可以的话，尽力寻找食物。

在救生筏的救生背包里会有一个鱼钩。如果你的救生筏已经漂流了好几个星期，它的底部就会有海藻依附，鱼群自然而然也就会聚集在救生筏下。这时候你就可以钓鱼，然后吃生鱼片了。万一没有鱼钩，你可以用金属丝，甚至是从一个空罐子上弄下来的碎铝片来做一个鱼钩。

❺ 如果你知道陆地的大致位置，就试着去靠岸。

大多数的救生筏都配有小型的桨，但救生筏并没有那么容易操作，特别是在风速超过3节的时候。别白费功夫——没有极大的努力，你也就只能移动很短的距离罢了。

❻ 如果你看见了驶来的飞机或船只，试着对其发出求

救信号。

可以使用甚高频（VHF）电台或手持烟火信号筒来引起注意。一面小镜子也能用来发信号。

如何准备

永远不要毫无准备就乘船出航。大多数的船只都至少配有一种应急信号装置，我们称之为应急无线电示位标（EPIRB）。这种装置从两个频率上发出全球通用的海上遇险信号：406MHz 和 121.5MHz。在两个频率上都会发出船只的识别信息和位置信息，区别在于：406MHz 上，信息会发送至其他船只、过往的飞机和卫星，而 121.5MHz 上的信息只会传送至船只和飞机。如果船上没有这种装置，漂流者在被找到之前可能会在海上漂泊几个月。

带上你的"应急携行包"，里面应该有：

• 温暖的干衣服和毛毯

• 一顶帽子

• 食物（罐装食品，便携户外食品，果脯）

• 一台手持甚高频电台

• 一台小型手持全球定位系统（GPS）装置

• 装在便携式水壶中的饮用水

• 指南针

- 带有备用电池的手电筒
- 手持烟火信号筒
- 手持净水机

在荒野迷路后如何生存

❶不要慌张，特别是当别人知道你的位置，而且你也打算返回的时候。

如果你开着车，要一直和车在一起——千万别乱跑！

❷如果你是徒步，试着追溯你来时的足迹以返回。

你应当遵循向下游地带、平原地带移动的原则。沿着山脊走，而不是沿着水流或溪谷走，因为这些地方会遮挡视野，会加大你和救援人员发现对方的难度。

❸如果你完全迷失了方向，试着站在高处然后观察周围。

如果你不是完全肯定你可以原路返回，那还是站着别乱动吧。

❹在白天时生会产生浓烟的火（比如烧轮胎就很有效），但是夜里要生火焰明亮的火。

如果汽油有限，那就留少量燃烧的火种，当你发现他人或车辆时，淋上汽油以发出信号。

❺如果经过了一辆车或飞机，或者你看到了远处的人烟，试着用以下方法之一来发出信号：

在空地上，你可以用石头压着报纸或铝箔，摆出一个大三角形，也即国际通用的遇险求救信号。

- 大 I 字形表明了有伤员求救。

- 大 X 字形表明了你无法前行。

- 大 F 字形表明了你需要水和食物。

- 三声鸣枪也是遇险信号的另一种形式。

❻ 为了避免中暑衰竭，应适当休息。

美国的荒野在白天气温可高达48℃以上，有遮蔽的地方屈指可数。在夏季，应坐在离地30厘米的凳子上或树枝上（地表温度会比周围的气温高16℃左右）。

当你在白天行走时：

- 放慢脚步行走以保留能量。每小时休息10分钟。

- 饮水，不要定量。

- 避免说话与吸烟。

- 用鼻子呼吸，不要用嘴。

- 不要喝酒，因为这会使你脱水。

- 避免进食，除非有足够的水可以喝；消化食物需要水。

- 在阴凉处待着，穿戴好衣物，包括衬衫、帽子和太阳镜。因为衣物可以减缓汗液蒸发并维持凉爽的感觉。

- 在傍晚、夜晚或者清晨行动。

- 在寒冷的天气里，多穿几层衣服，并确保你的衣物是干燥的。

- 当心这些低温症的症状：剧烈地颤抖、肌肉收缩、有疲劳感、协调性差、走路跌跌撞撞、嘴唇和指甲颜色发青。这时候应当立即穿上干燥的衣物，如有可能，生一堆火。在没办法生火的情况下，可以靠近同伴来取暖。

❼ 试着找到水源。最好的寻找地点有：

- 岩石峭壁的底部。
- 山谷中冲刷的砾石里，尤其是在一场雨之后。
- 干枯河床弯曲的外边缘。找一找湿的沙子，然后向下挖一两米来寻找渗透的水。
- 绿色植物附近。例如杨树、梧桐、柳树，在这些树丛和其他灌木丛边可能会找到水的存在。
- 动物经过的路径和成群的鸟所在的地方。沿着这些踪迹也许你就会找到水源。

❽ 寻找仙人掌果和花。

劈开仙人掌的根茎，咀嚼其茎肉，但不要吞咽。你可以随身携带几块茎肉，这样在行程中可以缓解口渴。仙人掌的其他部分是不可食用的，食用后会让你不舒服。

如何为一次远行而准备

当你计划去一个人口稀少的荒野地区来一次华丽的冒险之时，你需要先告知别人你的目的地，旅行的时长，以

在哪儿找水

岩石峭壁的底部

干枯河床弯曲的外边缘

山谷中冲刷的砾石里

梧桐或类似的绿色植物

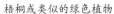

仙人掌果和花可以食用。
劈开仙人掌的根茎，咀嚼
其茎肉。

及预定路线。如果没告诉任何人你出发的消息，并且还在旅途中迷了路，这就意味着将没有人会来找你。

如果你是驾车出行，请先确保你的车辆状态良好，并且确认你的车辆有以下装备：

- 足够电力的电池
- 状态良好的软管（试着挤压软管——它们应当十分坚固，而不是柔软的糨糊状）
- 胎压正常的备用轮胎
- 备用的风扇皮带
- 修车工具
- 储备充足的汽油和燃油
- 水（一辆车约需19升水）

如何安全驾驶

随时留意天空。哪怕你所在的那片区域并没有下雨——在看到积雨云的那一刻，山洪便可能席卷而来。若开车的时候被沙尘暴困住，那么你应迅速逃离道路。关掉行车灯，并打开急救装置。在风中倒车行驶，以此来减少沙尘颗粒对挡风玻璃的敲击。在行车驶过水流和多沙区域时，应当先评估将要行驶的路段。花一分钟步行查看可以省去数小时的艰辛修理工作，也能防止你的汽车发动机油底壳被刺穿。

万一你的车辆抛锚了，记得待在它附近；你的应急物品都在这里呢。抬起发动机盖和行李箱盖来表示你"需要救援"。你的车辆在好几千米开外就能看得到，但是想要看见你可就是大海捞针了。

- 只有当你对获救表示乐观，你才可以丢下那辆抛锚的车子。
- 如果车辆停滞不前或迷路，那么你需要用到烟火信号。在白天时点产生烟的火，在夜间点明亮的火。用三堆火摆成三角形即表示"需要救援"。
- 如果你找到一条公路，就请待在那里。

徒步旅行时该带什么

- 水（每人每天约4升的水才足够，多带些更明智也更安全）
- 一张指示着最近的居民区方向的地图
- 一盒防水火柴
- 一个打火机或打火石
- 一本生存指南
- 一瓶防护效果较好的防晒霜，一顶帽子，温暖的衣物和毯子
- 一把袖珍小刀
- 一面发射信号用的金属镜子

- 一些碘片

- 一小截铅笔和书写工具

- 一只哨子（吹三声表示"需要救援"）

- 一只军用水壶

- 铝箔

- 一个指南针

- 一只急救箱

如何避免迷路

当你在徒步旅行时，时不时地回头看看你来时的路线。在脑子里记住这些场景，万一迷路的话，这也有助于你找到回去的路。

如果可以的话，保持你原定的行经路线。用在树上或灌木上刻痕的方式来标记路径。或者你可以做一些"ducques"（发音和"鸭子"的英文"duck"一样），也就是用三块石头堆在下面，在上面再摆一块石头的方式来作为你的标记。

如何从一次降落伞故障中逃生

❶一旦你意识到你的降落伞出了故障，立即向尚未打开降落伞的同伴发出信号，告诉他们你的降落伞有问题。

向同伴们挥舞你的手臂，再指指你的降落伞。

❷当你的同伴（现在已经与你生死与共了）抓住了你，用你的手臂钩住他。

❸一旦你用手臂钩住了同伴，你们俩仍然会极速下落，速度大约为209千米/小时。

当你的朋友打开了降落伞，你们中任何一个人都没有办法再正常地抓住另一人，因为重力会将你的体重增加两倍或四倍。为了应付这个情况，将你的手臂钩住他的胸带，或者穿过他背带的前段两侧，再穿过你的肘部，并最终抓住你自己的带子。

❹打开降落伞。

降落伞打开时产生的冲击力极大，甚至可能致使你的手臂脱臼骨折。

❺控制伞衣。

你的朋友现在得用一只手抓着你，另一只手来控制伞衣（降落伞上控制方向和速度的那一部分）。

用手臂钩住你的同伴，然后将你的手臂钩住他的胸带，直到你的肘部穿过，并最终抓住你自己的带子。

　　如果你朋友的伞衣很大，降落缓慢，那么在你着地之后，你可能只会有一条腿骨折而已，并且你生还的概率非常大。

　　但如果你朋友的伞衣降落得很快，他就需要控制伞衣以避免太快砸在地上。同时，你也需要竭尽全力避免碰到电线或者其他障碍物。

　　❻ 如果附近有水体，朝着那儿移动。

　　当然了，一旦你进了水里，你就只能靠腿移动了，同时寄希望于同伴赶在降落伞没入水中之前将你拉出去。

如何避免这种情形

在跳伞前检查你的装备。不过好消息是，现在的降落伞能够自动打开，所以即使在你装配降落伞时犯了大错误，它们也能自行解决。但对于备用降落伞来说，就必须经认证过的装配工之手，而且必须完美无缺，因为这可能就是你最后的救命稻草。你需要确保：

- 降落伞的折叠线条是直线——没有任何打结部分。
- 滑动器安装正确，以防止降落伞打开得过快。

如何在一场雪崩中求生

❶ 用自由泳的姿势划雪，尽一切努力待在雪的顶部。

❷ 如果你被雪盖住，若是有人看见你被掩埋，那么这就是你最好的求生机会。

雪崩中的雪就像一个潮湿的雪球：它质量较大，质地致密。一旦你被雪埋了，那想从下面挖地道出来可不容易。

❸ 如果只是你身体的一部分被埋了，你可以用双手挖开，或者用脚踢开雪。

如果你的滑雪杖没丢，用滑雪杖从不同方向戳进雪堆里，直到你看见或感觉到疏松的空间，再顺着那个方向挖下去。

❹ 如果你被完全埋住，那么在你没有受重伤的情况下，仍有机会自救。

然而，如果你还可以做到，你可以在旁边挖个小洞，然后向里面吐口水。唾液应当会朝下流，这样你就可以得出结论，到底哪儿才是朝上的。赶紧向上挖，动作麻利些。

注意！

• 不要独自一人在雪崩高发区旅行或者滑雪。

用自由泳的姿势划雪，尽一切努力
待在雪的顶部。

- 随身携带雪崩探杆——一根拼接而成的坚固铝棒，
  长度为1.8 ~ 2.4米。一些滑雪杖有螺纹，因而也
  可以拧在一起来做一个雪崩探杆。
- 了解雪崩高发的时间和地点。
- 雪崩会发生在刚降雪的区域，或者山的背风面。晴
  天的下午很容易发生雪崩，因为这时由于上午的太
  阳照射可能已经使积雪融化。雪崩最常发生在坡度
  为30° ~ 45°的山坡上，而这也是滑雪的最佳坡度
  范围。

- 雪崩可能会由很多种因素引发，比如说最近的降雪、大风，或者日照。

由连续的暴雪导致积雪堆积，各层紧密性不同，相互之间连接松散，这就使得雪层十分不稳定。

- 巨响并不会造成雪崩，除非它们使地面或积雪产生了剧烈振动。
- 最容易遭遇雪崩的运动就是雪上摩托。雪上摩托——我们有时候也称为"高山雪橇"——有力而又轻便，能够深入高山地区，而这也是雪崩的高发地。
- 带上信标。它可以通过电波向周边区域发射无线信号，给组群中的其他信标传送你的定位。如果一群人在一个危险的山坡上滑雪，应当逐个逐个下去，而不是一群人一起下去，以防意外发生。

如何营救他人

如果你目击了他人在雪崩中被埋住，立刻联系滑雪区巡逻急救队，然后搜索树下或长凳下——通常人很容易在这些地方被雪埋住。所有搜救人员都应当携带着小型折叠铲，以便在发现被埋者时能及时挖掘。

如何在一场枪战中得以幸存

如果你是袭击的主要目标

❶ 尽量跑得越远越好。

未经训练过的枪手将很难击中距自己20米以外的目标。

❷ 尽量跑得快点，但是不要跑直线——而是要迂回前进，这样就使枪手很难瞄准你。

一般枪手没有接受过命中一定距离以外运动着的目标的训练。

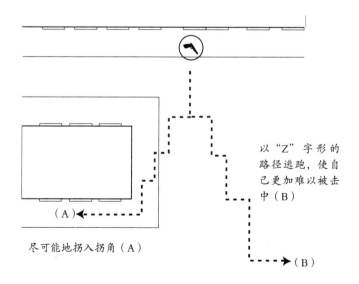

以"Z"字形的路径逃跑，使自己更加难以被击中（B）

尽可能地拐入拐角（A）

（A）

（B）

❸别去数对方开了多少枪。

你不会知道枪手带了多少弹药，数枪声这种事只会在电影中发生。

❹尽快地跑进拐角，特别是在追赶你的人使用的是步枪或攻击性武器的时候。

步枪具有更加优越的精准度和射程，枪手可能会向你逃跑的方向扫射。

如果你不是袭击的主要目标

❶趴下，并保持低姿态。

如果被袭击的主要目标离你很近，或者枪手在随意开火，就尽可能地低下身体。不要蹲下，而是要肚皮贴地地趴在地面并保持姿势。

❷如果你在室外并且能够到达车辆的旁边，立刻跑过去并躺在与枪手一侧反向的轮胎后面。

如果视野所及的范围内没有车辆，就去躺倒在人行道旁边的排水沟里。车辆可以阻止小口径的枪子弹或使其跳弹，但是大口径的子弹——比如说步枪的子弹或穿甲弹——可以很轻松地击穿车辆，并击中车后躲藏的人。

❸如果你在室内，枪手也在室内的话，跑到其他的房间里平躺在地板上。

如果你没办法跑到别的房间里，就躲藏找一个在笨重的物体（结实的写字台、文件柜、桌子或是长沙发）后面来保护自己。

❹ 如果你正面对着枪手，做任何能够使得你减少被当成目标的举动。

转身侧对，并低下身——流弹一般距离地面之上 1 ～ 2 米。如果枪手在室外而你在室内，不要出去并远离门和窗户。

❺ 在枪手停止射击，或政府防暴人员到来并给出安全信号之前，不要起身。

尽量在你和枪手之间找到一个大的物体作为掩护

在山中迷路时应如何求生

在山中迷路时，致死率居第一位的原因是低温症——人类基本上算是一种热带动物。面对黑暗、孤独和未知情况，保持冷静可以使你的幸存概率大大提升。80%的荒野幸存可能性取决于你对待恐惧的态度，10%取决于你的求生装备，而剩下的10%则取决于你是否会使用它们。出发之前，一定要告诉别人你要去哪儿，什么时候会回来。

❶不要恐慌。

如果你告诉过别人你的行程，搜寻救援队伍就会来找你。（一般来说，救援队只会在白天搜索成年人，但是对于独自一人的儿童来说，队伍会24小时进行搜索）

❷找到避难所，保持身上温暖干燥。

把力量用在无谓的地方——比如拖拽笨重的原木来搭建避难所——会使你大汗淋漓，并且变得很冷。在打算自己建造避难所时，先找找身边有没有现成的避难所。如果你在被雪覆盖的地区，可以在深一点的积雪中挖出一个雪洞，从而躲避狂风。挖雪沟可能会是更好的主意——这更不费力，只需要用随便什么东西挖出沟，钻进去，然后用树枝和树叶盖住。你应该试着在半山腰上建造避难处。记在雪所覆盖的区域，挖雪洞或雪沟以避险及防风，使用落叶和树枝作为防寒物。

得要远离山谷——冷空气会下沉，山谷里会变成整个山脉中最冷的地方。

❸向救援者发出求救信号。

向救援者发出求救信号的最好时机是白天，使用信号发生设备或围成三角形的三个火堆来发出信号。尽可能地在制高点上发出信号——这会使得救援者更加容易地发现你，你所发出的任何声音也会传播得更远。生起三堆冒出大量浓烟的火，并把你的毯子铺在地上，如果是保温救生毯的话，记得金面朝外。

❹不要跑得太远。

这会使你更难被找到，救援队在追索你的行踪的时候可能会因为你走向了不同的方向而无法找到你。救援队经常会发现空无一人的车辆，就是因为驾驶者已经弃车离开了。

❺如果你冻伤了，不要试着温暖受伤的部位，直到你摆脱了危险。

你可以用冻伤了的脚来行走，但是如果你温暖了受冻部位，冻伤的脚在感到疼痛之后，你就哪里都不想走了。试着保护好受冻的部位，并在得救之前保持干燥。

如何为之准备

在进入野外环境之前，你必须穿合适的衣服。请按照以下的规则来穿衣：

第一层（内层）：保暖内衣，推荐聚丙烯材质的那种。这种衣服只会给你提供一点保暖的能力，它的最主要作用是保持皮肤干燥。

第二层（中层）：用来抓住并保持住一个温暖的"静气"空间，比如羽绒大衣就不错。

第三层（外层）：戈尔特斯（Gore-Tex）或是其他牌子的透气性好的夹克，能让潮气散发出去同时不吸收潮气。

防潮措施是你生存的关键，一旦你的身上变得潮湿，你就很难让自己再次变得干燥了。

确保你的生存工具里包括以下物品，而且你也懂得如何使用它们（我们一点都不推荐你在黑暗的荒野中才第一次阅读使用说明）：

一个热源：带上几盒防水火柴、打火机或是三聚甲醛——一种又小又轻的军用化学热源——比较好。三聚甲醛可以在户外和军品商店买到，衣服烘干机里的棉绒也很轻，而且极为易燃。

遮蔽物：带上一个小的保温救生毯，它有一面金箔一样的表面可以使你与外界隔离开来。挑选一面是银色的（用来保温），另一面是金色的（用来发信号）那种。银色的一面并不适合用来发出信号，因为这个颜色很容易和雪和矿石混淆。金色并不常在自然界中出现，因此也不会和其他东西相混淆。

一个能发信号的设备：小镜子就足够了，就像是火焰和哨音一样，信息可以比声音传播得更远。

食物：请带上含碳水化合物多的食物，如硬面包圈、什锦干果、即食麦片条之类的东西。蛋白质类食物需要提供热量来分解并需要更多的水来消化。

如何不使用火柴生火

你需要什么

- 小刀。

- 引火物。多找一些，大小各异的最好。

- 让火一直保持燃烧。选择树上的枯枝，而不是地上
  散落的木头。好烧的木柴用指甲掐容易陷下去，但
  是不会被轻易地被折断。

- 弓。也就是一根约60厘米长的弯曲的棒子。

- 绳子。鞋带、降落伞绳、皮带……都可以。也可以
  用丝兰、乳草属植物或者别的坚韧的纤维植物做成
  简易绳子。

- 承载槽。可以是一个角、一根骨头、一段坚硬的木头、
  岩石或者贝壳……只要适合手掌抓握，并可以放在
  小棍上。

- 润滑剂。你甚至可以用耳垢、皮肤油脂、一团青草、
  润唇膏，或者其他油性物质。

- 主轴。一根干燥、直径为2～2.5厘米、长度为
  30～46厘米的棍子。将一端削圆,另一端削成尖头。

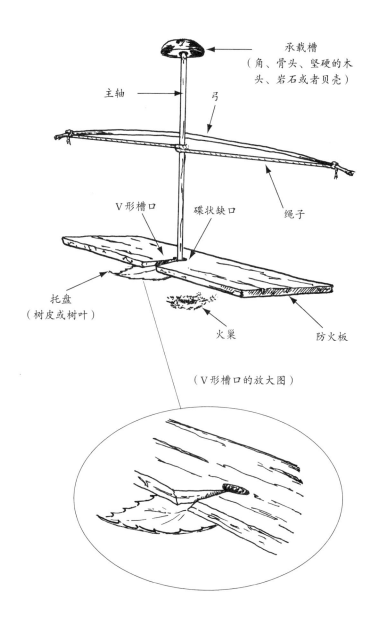

承载槽
（角、骨头、坚硬的木
头、岩石或者贝壳）

主轴

弓

V形槽口

碟状缺口

绳子

托盘
（树皮或树叶）

火巢

防火板

（V形槽口的放大图）

- 防火板。选一块木板，将它做成 2 ~ 2.5 厘米厚、5 ~ 7.6 厘米宽、25 ~ 30 厘米长的木板。在平坦的一侧离边缘约 1.2 厘米的地方刻一个碟状缺口。然后在这个碟状缺口的边缘，刻一个 V 形的槽口。
- 托盘。将一块树皮或树叶插到 V 形缺口下方，以收集灰烬。
- 火巢。干燥的树皮、草堆、树叶、香蒲茸毛，或者其他可燃物，用这些来搭一个鸟巢的形状。

如何生火

❶ 将绳子牢牢地系在弓上，两端各系住棍子的两头。

❷ 右膝下跪，左脚脚掌牢牢地踩住防火板。

❸ 将弓拿在手里。

❹ 在绳子中间绕一个环。

❺ 将主轴插入弓上的绳环，这样主轴就在弓的外部，使尖端朝上。

弓弦必须系得很紧——如果很松的话，将绳子在主轴上多绕几圈。

❻ 用左手拿住承载槽，槽口那一侧向下。润滑槽口。

❼ 将主轴的圆端放入防火板的碟状缺口中，主轴的尖端放入手中的承载槽里。

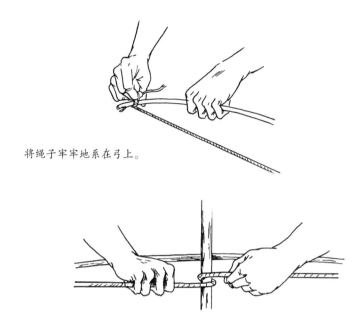

将绳子牢牢地系在弓上。

在中心部分绕一个绳环，插入主轴。

在承载槽上轻轻按压。将弓来回拉动，旋转主轴。对承载槽施加压力，拉动弓的速度也加快，直到有烟和灰烬产生。

❽ 向下轻压承载槽，将弓来回拉动，缓缓旋转主轴。

❾ 对承载槽施压，加快拉弓的速度，直到你看到有烟和灰烬产生。

如果产生了大量的烟，那么说明已经产生了很多火星。

❿ 立刻停止拉弓，在防火板上轻叩主轴，让灰烬掉进托盘里。

⓫ 挪走托盘，将灰烬转移到你的"火巢"里。

⓬ 紧紧地抓住火巢，不断地轻吹积累的灰烬。

最终，火巢会着起火来。

⓭ 再给火巢加一些引火物。引火物起作用了之后，再逐步地往里加大块的木柴。

注意！

在紧急情况下的野外生存中，那些用以维持生存的原始生火方法可行不通。在恶劣的天气条件（雨天、雪天、寒冷天气）下用这种方法生火确实很有难度。

当然，在你尝试去野外用这种方法生火之前应该在家里先练一练，熟悉一下这种方法里的一些小技巧。

如何避免遭到雷击

在美国，每年雷击造成的人员伤亡数量高于其他天气因素导致的伤亡数量，且数量仅次于洪灾。没有哪一片区域可以完全躲避雷击。然而，有些地方要比其他区域危险得多。

❶ 响声较大或较频繁的雷声表明将有雷电活动。

如果你看到了闪电，或者听到了雷声，你就有一定的危险了。狂风、暴雨、密云，都是地闪的前兆。雷暴往往由西向东移动，在晚间或者在湿度较大的傍晚发生。

❷ 当你看到闪电时，以秒为单位计时，直至听到雷声时停止，并将间隔时间除以5[①]。

这能够大概地预测出你离风暴有多远。（声音在15℃的空气中传播的速度约为340米/秒）

❸ 如果你看到闪电与听到雷声之间的延时少于30秒，你应当立即找一个安全的场所。

不要去高处、空旷的地方、林线以上的山脊。如果只能在一片空旷的地方，不要躺平——可以选择蹲下，双手

---

① 像这样计算得到的距离值单位是英里，若以千米为单位，则除以3。——编注

在空旷地带，不要双膝双手着地。
蹲下，将你与地面的接触降到最小化。

不要站在树下

抱膝，头放低。如果你正在进行技术攀登，你可以坐在岩石上，或者坐在非金属设备上。在脚踝上系上绳子，这样万一你被雷击中，失去平衡时，它能够固定住你。

尽量远离那些"孤立无群"的树、没有庇护的凉亭、雨棚，或者地表上的浅坑——你会成为电流的导体。

避开棒球球员休息区、通信塔、旗杆、灯柱、金属、木质的露天看台以及金属围栏。如果你在露营，你也该远离在空旷区域或者在大树下的帐篷。

远离高尔夫球车和敞篷车。

不要靠近水体：海洋、湖泊、游泳池、小溪、河流等。

❹等待暴风雨过去。

雷电会在最后一声响雷后随着时间推移而减弱，但这可能会持续30分钟以上。当雷暴出现在视野中但并未笼罩在你的头顶时，即使眼前依然是晴空万里的天气，雷电的威胁就已经到来了。

注意！

- 较大的封闭式建筑会比小型建筑或开放式建筑更安全一些。雷电所造成的危害程度取决于建筑的防雷结构、建筑材料和建筑物大小。
- 全封闭的金属车辆，例如小轿车、货车、公交车、面包车，以及车窗摇起的全封闭农用车，都能成为躲避雷击的好地方。避免与金属或车辆内外的导电表面接触。

- 当你在室内时，避开与外界接触的导电表面，包括淋浴器、洗涤槽、卫生洁具、金属门和金属窗框。
- 避开插座、电线、有线电装置，包括电话、电脑、电视（特别是有线电视）。

当他人遭雷击时如何应对

❶拨打紧急救助电话并上报事件，为应急人员指引方向。

遭遇雷击的人可通过及时的医疗救治而生还。如果遭雷击的人数较多，应先抢救看上去"已死"的人。因为遭受雷击失去意识但仍有呼吸的人，有较大的可能自己恢复意识。

❷扶病人去一个安全点的地方，以避免你自己也受到雷击。

除非遭受雷击的人由高处坠落，或是被甩出一段距离，通常不太会发生大多数由骨折导致的瘫痪或大出血等情况。如果需要立即移动伤者，不必害怕会被牵连。被雷击的个体并不带电，为了给予治疗而触碰他们也没有危险。

❸当处于寒冷潮湿的环境下，你需要在伤者与地面之间放置防护层，以减少低温症发作的可能性和实施复杂的复苏手术的必要性。

检查伤者身上的烧伤部位，特别是珠宝首饰和手表位置附近。

❹如果伤者停止呼吸，实施口对口人工呼吸复苏术。

每5秒向伤者口中呼气一次。如需移动伤者，在移动之前先向其口中连续吹气。

❺检测伤者是否有脉搏。

检查颈动脉或股动脉处的脉搏，至少20～30秒。

❻如果没有检测到脉搏，则实施心脏按压。

❼如果脉搏恢复跳动，在野外条件下，如有必要，需持续实施呼吸救援。

❽在20～30分钟的努力都未果后，停止救援。

在远离医疗救治的野外，心肺复苏术所拖延的时间的作用非常有限——如果在开始的数分钟内伤者没有苏醒，那他可能就无法被救活了。

当氧气瓶中空气用完时如何回到水面

❶ 不要慌张。

❷ 告知你潜水的同伴你出了点状况——你可以向他们指指你的氧气瓶，或是呼吸调节器。

❸ 如果有人赶来救援，这时你们就需要共享呼吸调节器。动作稍缓地游向水面，同时轮流使用调节器。

呼吸两次，然后将呼吸器交还给另一名潜水者。一起游向水面，与此同时呼出气体。接着再呼吸两次，交换，直到你们到达水面。几乎每一名潜水者在氧气瓶上都会有一个备用的调节器。

❹ 如果没有人能够帮助你，将调节器含在嘴里不要松开；当你向上游时，氧气瓶中的空气会在一定程度上膨胀，这样就能使你多呼吸几口。

❺ 笔直向上看，这样你的气道就也会保持通顺。

❻ 以缓慢而适当的速度游向水面。

当你向上游时，需要不断地呼气。在这过程中，呼气固然重要，但呼气的频率也是要点。缓慢呼气——在你上升时的前几秒之内，不要呼出所有的空气。只要你轻微地呼气，调节器就会打开，空气就能进入你的肺部。

将呼吸调节器含在嘴中

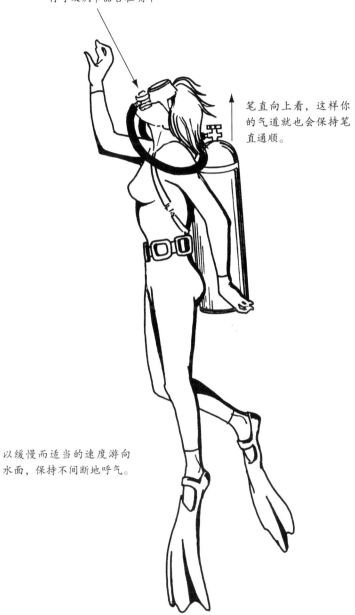

笔直向上看，这样你的气道就也会保持笔直通顺。

以缓慢而适当的速度游向水面，保持不间断地呼气。

警告：如果你没有不间断地呼气，那么你就有空气栓塞的危险。

注意！

- 请勿独自潜水。
- 不要忽视压力表显示的压力和深度。
- 随时确保和你一起潜水的同伴在方便呼叫或是较近的距离里。
- 在紧急情况下，共享一个呼吸调节器。用同伴的调节器比想着快些浮到水面上要安全得多。特别是当你处于较深的区域，这时候你更需要按部就班地浮上水面。
- 优先采用备用气体资源，不要盲目地冲向水面，除非你距离水面不到9米。

参考来源

序 言

来源："大山"梅尔·德威斯，一名SERE教官，曾指导军事人员和平民如何在各种条件下生存。他管理着科罗拉多生存技能的帐篷营地。

第一章　逃脱妙计

如何从流沙中逃脱

来源：卡尔·克鲁泽尼基，澳大利亚悉尼大学物理学院朱利叶斯·萨姆纳·米勒（Julius Sumner Miller）学者，有多部与物理和自然现象相关的著  作，其中包括《飞行激光器、机器鱼和黏液城市：更多烧脑的科学时刻》（*Flying Lasers, Robofish and Cities of Slime: And More Brain - Bending Sciena Moments*）。

如何破门

来源：戴维·M.洛厄尔，专业锁匠，在美国锁匠协会（一

个行业贸易组织）中，担任教育注册项目经理。

如何破车而入

来源：比尔·哈格罗夫，持有宾夕法尼亚州锁匠执照，有10年的开锁经验。

如何短接启动一辆车

来源：山姆·托勒，通过汽车维修技师认证，美国撞车比赛车手，在线撞车比赛协会成员；同时参加了 *Car Talk*，这是一档每周在全国公共广播电台播出的汽车维修类电台节目。

如何驾驶车辆进行180° 漂移式掉头

来源：文尼·明基洛，来自在线撞车比赛协会；汤姆·西蒙斯与佩吉·西蒙斯。

如何撞开一辆车

来源：山姆·托勒（介绍同前）；汤姆·西蒙斯与佩吉·西蒙斯

如何从落水的车辆中逃生

来源：位于新罕布什尔州的

美国陆军寒区研究与工程实验室;《危险！薄冰》(*Danger! Thin Ice*)，由明尼苏达州自然资源部制作发布的出版物；提姆·斯莫利，明尼苏达州自然资源部的一位船只与安全方面的专家。

如何应对掉落的电线

来源：拉里·霍尔特，在康涅狄格州的Elcon电梯控制与咨询服务公司担任高级顾问。

第二章　防御之道

如何在毒蛇的袭击下幸存

来源：约翰·亨克尔，为美国食品药品管理局和《美国食品药品管理局消费者》(*FDA consumer*)杂志撰稿；艾尔·组里奇，担任哈福德爬行动物繁育中心主任，该中心位于马里兰州贝莱尔市；迈克·威尔班克斯，Constrictors.com网站的站长。

如何抵挡鲨鱼的攻击

来源：乔治·H.伯吉斯，担任佛罗里达自然历史博

馆的"国际鲨鱼袭击档案"的负责人，该博物馆位于佛罗里达大学内；克雷格·费雷拉，开普敦南部非洲白鲨研究所的董事会成员，这个研究所是一个专门研究白鲨及其生存环境的非营利性组织。

如何逃离一头熊

来源：《安全指南之野外遇熊》（*Safety Guide to Bears in the Wild*），加拿大环境、土地以及公园部野生动物分部的出版物；林恩·罗杰斯博士，在位于明尼苏达州伊利市的野生动物研究所从事野生动物研究以及北美熊科中心担任主任职位。

如何逃离一只美洲狮

来源：美国国家公园管理局；得克萨斯公园和野生动物协会；克里斯·卡利奥，About.com 网站的徒步旅行向导；玛丽·泰勒·格雷，《科罗拉多州野生动物同伴》（*Cocorado's Wildlife Company*）的撰稿人，这是一本科罗拉多州野生动物部的出版物。

如何从与鳄鱼的角斗中胜出

来源：林恩·柯克兰，圣奥古斯丁鳄鱼养殖场的管理者；

奥兰多鳄鱼岛的提姆·威廉姆斯，与鳄鱼打交道已经有近30年，现在开设讲座并培训其他鳄鱼摔跤手。

如何逃离杀人蜂

来源：得克萨斯农业推广站。

如何应对一头猛冲过来的公牛

来源：科尔曼·库尼，斗牛学校的负责人。

如何赢得一场斗剑

来源：戴尔·吉布森，特技演员，教授好莱坞演员和特技演员斗剑技巧。他在海军陆战队的广告中扮演了一名骑士，并在《佐罗的面具》（the Mask of Zorro）中演出了斗剑特技。

如何接下一记老拳

来源：卡比·科茨，美国认证拳击教练与指导员，出版了《大众拳击》（Boxing For Everyone）一书。

第三章　信仰之跃

如何从桥上或悬崖边跳入河中

来源：克里斯·卡索，特技演员，加州大学洛杉矶分校

体操队和美国国家体操队成员，为众多电影制作并演出了高空坠落的特技，包括《蝙蝠侠与罗宾》(*Batman and Robin*)《永远的蝙蝠侠》(*Batman Forever*)《失落的世界》(*The Lost World*)和《乌鸦2：天使之城》(*The Crow: City of Angels*)。

如何从楼上跳入垃圾堆中

来源：克里斯·卡索（介绍同前）。

如何在行驶中的列车顶上移动与进入车厢

来源：金·卡哈纳，特技演员、武术指导、制片人。参加了超过300部电影的摄制，包括《致命武器3》(*Lethal Weapon 3*)《巡弋悍将》(*Passenger 57*)以及《警察与卡车强盗》(*Smokey and the Bandit*)。

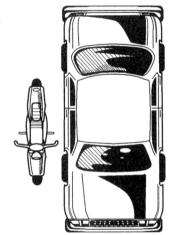

如何从行驶中的汽车上跳下

来源：戴尔·吉布森（介绍同前）；克里斯·卡索（介绍同前）。

如何从摩托车上跳到汽车里

来源：吉姆·温伯，游乐场表演
"蝙蝠侠"和"虎豹小霸王"的导演
和武术指导。

第四章　紧急救护

如何实施一次气管切开术

来源：杰夫·海特医生，医学博士，费城地区一家医院
的内科主任。

如何使用除颤器来恢复心跳

来源：杰夫·海特医生（介绍同前）；汤姆·科斯特洛，
惠普公司区域经理；Heartstream公司；美国心脏病协会。

如何识别一枚炸弹

来源：布雷迪·格雷，伦敦CCS
国际有限公司零售部反间谍产品管
理副总裁。他在生存用品与生存策
略两方面都颇有心得。他为纽约警
察局的禁毒部门担任了10年的督导
官和线人。

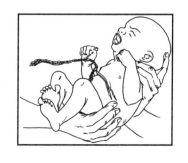

如何在出租车上分娩

来源：吉姆·西峰医生，医学博士，在伯克利的阿尔塔贝茨医院担任妇产科医生和妇科医生。有长达30年的接生经验。

如何处理冻伤

来源：约翰·林德纳，在科罗拉多登山俱乐部丹佛分部的野外生存学校担任主任职务，经营着一家雪地行动训练中心，这是一家专门为电力公司和搜救队教授山地生存技能的机构。

如何处理腿骨骨折

来源：兰达尔·西姆斯，医学博士。

如何处理枪伤或刀伤

来源：查尔斯·D.波特尔，文学士，注册呼吸治疗师，美国国家注册紧急医疗救护员，医护人员，普通医疗服务教师。

第五章　冒险求生

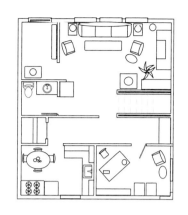

如何驾驶一架飞机安全着陆

来源：阿瑟·马克斯，具有20年的飞行经验，拥有Flywright航空公司，该航空公司专营在马撒葡萄园岛的飞行训练和团体飞行服务；米克·威尔逊，《如何摧毁一架飞机（同时生还！）》（*How to Crash an Airplane［and Survive!］*）一书的作者，拥有单引擎和多引擎飞机的金印飞行教员证书。

如何在一场地震中幸存

来源：美国地质勘探局；美国国家地震信息中心。

如何在海上漂流中幸存

来源：格蕾塔·沙恩，《航海杂志》（*Sailing Magazine*）的总编辑，对竞技类以及休闲类的深水巡航都有丰富的经验。

在荒野迷路后如何生存

来源：亚利桑那州四驱车俱乐部协会；《荒野求生指南》（*The Desert Survival Guide*），亚利桑那州菲尼克斯市政府机构制作发布的出版物。

如何从一次降落伞故障中逃生

来源：乔·詹宁斯，高空跳伞摄影师，高空跳伞指导专家。他曾设计、指导、拍摄了包括激浪、百事可乐、MTV体育、可口可乐和ESPN等多家公司的电视广告。

如何在一场雪崩中求生

来源：吉姆·弗兰肯菲德，美国雪崩研究中心（Cyberspace Snow and Avalanche Center，CSAC）负责人，这是一家地处俄勒冈科瓦利斯的非营利组织，致力于雪崩安全教育和提供雪崩信息。弗兰肯菲德拥有雪与雪崩物理学的学位，并在科罗拉多州、蒙大拿州、俄勒冈州和犹他州等地开展多年的雪崩安全训练。

如何在一场枪战中得以幸存

来源：布雷迪·格雷（介绍同前）。

在山中迷路时应如何求生

来源：约翰·林德纳（介绍同前）。

如何不使用火柴生火

来源：梅尔·德威斯（请看前面的介绍）。

如何避免遭到雷击

来源：约翰·林德纳（介绍同前）；美国气象学会的雷电安全小组；位于科罗拉多州丹佛的国家气象局预测办公室。

当氧气瓶中空气用完时如何回到水面

来源：格雷厄姆·迪克森，专业潜水教练协会（Professional Association of Diving instructors, PADI）的一名专业潜水教练。

关于作者

乔舒亚·皮文（Joshua Piven）是一位计算机新闻记者及自由撰稿人，他还是齐夫–戴维斯（Ziff-Davis）出版社的前编辑。他拥有着包括被持刀摩托车劫匪们追逐，被困在地铁隧道里，被强盗抢劫，不得不砸门撬锁，电脑周期性崩溃等光荣事迹。这是他的第一本书，他现在正居住于费城。

戴维·博根尼奇（David Borgenicht）是一位作家及编辑，他撰写过几本非小说类的作品，其中包括《动作片英雄手册》（由Quirk Books出版）。他则拥有以下光荣事迹——在巴基斯坦乘坐装甲车出行，逃票乘坐美国国铁（Amtrak）的火车，被骗子骗过，以冠冕堂皇的理由闯入好几家民宅，在达美航空的航班上从饮料推车里顺过好几瓶小瓶的酒。他现在和他的妻子住在费城——妻子简直就是他的各种各样窘境的制造者。

点击www.worstcasescenarios.com来取得最新更新的场景和更多资源！因为你肯定不会知道将会发生什么……

出版后记

如今，人们在闲暇的时候有多种多样的休闲方式。有的人喜欢去山林、河谷之中远足；有的人喜欢探寻奇妙的水下世界；有的人喜欢在家中安坐，用最简单的方式放松身心；还有些人会和朋友相聚，组织一些愉快的活动来分享快乐的时光。

无论是哪种休闲方式，危险都有可能会不期而至。我们可能会在野外遭遇熊、鳄鱼、蜂群等野生动物的袭击，又或者可能需要在氧气不足的时候从水下安全脱身；我们可能要在异常突如其来的地震中尽快寻找避难场所，甚至在没有专业设备的情况下让遇险的同伴摆脱生命危险。这些情形或许有些危言耸听，但是当它们真的来临之时，如果没有任何相关知识，身处其中的人们极有可能会手足无措，甚至为此付出惨重的代价。

本书的作者是来自美国的乔舒亚·皮文和戴维·博根尼奇，他们曾经各自在生活中遭遇过种种无法预知，但却非常棘手的情形。为了让读者们免于遭遇到种种险境，作者专门请教了各行各业的专业人士，保证了本书的实用性和严谨性。在书中，二位作者总结了几十种不同的逃离险境的方法，其中包括逃离流沙、躲避猛兽、跳入河流、实施急救等情形及具体操作步骤，讲解通俗幽默且容易上手，足以让读者们轻松掌握书中的要点。

在阅读本书的同时，还请切记：本书中的内容，不到万不得已千万不要随意使用。希望各位读者可以从本书中学习到必要的求生知识，在危险来临之时救自己和他人一命。

服务热线：133-6631-2326 188-1142-1266

服务信箱：reader@hinabook.com

后浪出版公司

2017 年 4 月